在自家灶腳做出傳統好滋味

媽媽的小吃店

蔡季芳——著

手藝滿分的味自慢

何飛鵬

　　我與阿芳老師有過幾面之緣，因為合作關係也嚐過她的手藝，料理技巧我不懂，但東西好不好吃我知道；廚藝精不精湛我不敢評論，但手藝高不高明誰都可以從指尖、從嘴裡探個分明。我給了阿芳老師「手藝滿分的味自慢」這個標題，來自我嘴裡吃到的好味道，以及食物呈現在眼前的賞心悅目，更是來自閱讀過她那些與食物有關的記憶與故事，所感受到的熱忱與投入。

　　我出版了一系列「自慢」的職場工作書，把我覺得最有把握、最自信的經驗，帶給年輕的工作者，也勉勵各領域的工作者，發展與培養自己的專業。我所謂的自慢，是指一個人存在的價值在於他有一種能力或專長，是最拿手的絕活，少有人能比，這個專業會是他一輩子的承諾，永遠的追逐。

　　把「自慢」這個詞套用在阿芳老師身上，再適合不過。花了二十幾年的時間在磨練與精進一項技藝，甚且直到現在依然每天演練，不停求新求變，有多少人做得到？更進一步，她把專業奠基在強烈的需求上，「吃」是民生一大事，每個人都需要吃，也想要好好吃，而她就是那個能夠展現如何吃、如何以你最能負擔和操作的方式好好吃的人。

　　專業常常為人所詬病的，就是情感的缺乏。阿芳老師身為一個媽媽，她的專業很大部分是從情感出發，由一個無可替代的角色（媽媽），把一件她被期望要做（煮飯做菜）且大家都需要的事（吃），發揮到極致，變成一種學問，若以市場角度來說，就是一個無可取代的作者結合一個需求強度很強的內容，可謂無敵了。

　　我常說：「業餘者，七手八腳；專業者，絲絲入扣。」社會上太多七手八腳，少了像阿芳老師這樣對一門專長的堅持。當然，這套書是實用的料理食譜，充滿對食物的熱情，但我從中更看到「人味」，以及一種努力不懈的精神。

本文作者為城邦出版集團首席執行長

一部美食料理的字典

林姿佑

以往我只知道阿芳老師是個廚藝高手，也看過她的書，後來進了購物台跟老師一起賣商品，才對老師有進一步的認識。

阿芳老師給我的感覺，就像鄰家媽媽一樣溫馨親切，而每次只要能夠跟老師一起錄影，我總是非常開心，因為老師會一直餵我吃東西，把大家都餵得飽飽的。幾年合作下來，她對我最大的影響，就是讓我發現做很多的料理其實可以很簡單，只要有心，誰都可以做到。

印象最深刻的，是只要跟阿芳老師賣到過年的商品，她常會展現她拿手的炊發粿，而每次她在攝影棚裡炊粿，就會讓我想起小時候在家裡阿嬤跟媽媽忙碌蒸年糕的場景。就是這樣的體驗，讓我發現食物其實也是有記憶跟回憶的。

對我而言，阿芳老師就像食物的字典，好比我做饅頭怎麼做都不好吃，跟老師聊過後，才發現在蒸之前稍微擺一下，再次發酵就行。這種撇步是需要經驗的，在三十年前，我們可能有隔壁阿姨或婆婆媽媽可以問，但現今雙薪小家庭多，大家都忙，或許有些媽媽想在忙碌之餘給家人健康的飲食，但往往沒有人可以問與求救。我相信老師這套書，就是最好的解救之道，有家常菜、醬料，連古早味菠蘿麵包也有；大家怕麻煩的糕點，在老師手上用現代的方式，變得輕鬆易做，重點是做出來更好吃。

因為認識阿芳老師，我也常自己做料理跟點心，忙碌之餘讓孩子們的便當菜色更豐富營養。最近老師教我做地瓜湯圓，讓我患有糖尿病的爸爸吃湯圓沒壓力，又可以感受到女兒的孝心。冬天晚上一碗自己釀的紫米酒釀加蛋，讓老公感受到老婆的賢慧。

這些都是用錢買不到的幸福回憶，我也相信老師這次的作品，可以讓大家在動手做的過程中，感受到開心跟滿滿的幸福，讓美好的食物串起家的味道跟幸福的回憶。

本文作者為購物台專家

4

右手拿著鍋鏟，
左手不離食安盾牌的阿芳老師

洪美英

二十年前我曾經陪著外婆去越南旅遊，跟阿芳老師一樣，我也是立刻愛上外酥內軟、鹹香回Q的法國麵包，路上遇到小販時，總要買上一條金黃色的大棒過過癮。由於老人家總是很早起床，所以旅程快結束的一天早上，大約五點鐘，我陪著外婆晨起在飯店附近散步，正好看到一大車的法國麵包正在下貨，一大堆麵包就擺在路邊的泥土地上（地上完全沒有鋪墊任何東西），然後人們開始露天分堆，接著陸續有騎腳踏車或是推車的小販過來把麵包領走。當下我內心五味雜陳，原來我吃的法國麵包是經過這樣的製作流程。阿芳老師在書中提到她與師丈同遊越南時，買了十八條法國麵包，沿途吃吃喝喝之後鬧肚子的經驗，我不禁合理懷疑兇手很有可能就是不嚴謹的麵包製程，因此更顯文中阿芳老師提到「不安心美味也無用」之重要！

趁此機會跟所有讀者分享，食品安全不僅須要政府、生產廠商或販賣業者各司其職，我們消費者也要有所行動，除了不買來路不明、價格不合理的食品等，食材買回家之後的保存（好比冰箱溫度與先進先出）、烹調時的衛生（像是生熟食分開刀具），甚至是品嚐食物時的習慣（例如公筷母匙），在在都會影響到食物的安全。在我看來，全程的食安維護網，應該是從產地到嘴巴都含括在內。

這一次，阿芳老師針對爸爸媽媽們以及想要吃得安心的大眾，特別推出一套從早餐、糕點、小吃、甜品、節慶菜餚到醬料高湯的良食全紀錄，這些內容與食譜真的是她累積多年且不藏私的分享。在我的經驗與印象中，阿芳老師是非常少數既有手藝又注重食材衛生，同時不斷吸收食安知識的一位全能美食家。而且她總是利用她豐富的經驗，思索種種如何化繁為簡的智慧方法，讓做菜變得更簡單、更省時！

我相信，生活步調忙碌又重視家人健康的讀者，只要跟著阿芳老師的方法做，輕輕鬆鬆就能讓親朋好友吃得安心又開心。

本文作者為台灣優良農產品發展協會副執行長暨行政院食品安全會報委員

阿芳出品，人人有信心

焦志方

網路科技快速發展的今日，紙本印刷和實體通路早已岌岌可危，從許多消失的報章雜誌和式微行業，不難察覺一二，但還是有些書依舊暢銷，還是有些人依舊愛買書，原因無他，就在於寫書人的那份用心，讓買書的人買到了作者的用心，以及摸著實體書時的那份真實感和親切感！

阿芳絕對是個「老媽子」的命！不管做任何事，她都會事先在心裡盤算好久，沙盤推演個半天，務求表現的時候能夠做到盡善盡美。如果你以為我講的只是工作，那你可就太不認識她了！上購物台如此、上我的美食節目如此、上各種不同的活動也是如此，甚至連回到了家，扮演一個太太、媽媽、女兒，乃至於剛剛上任的婆婆和奶奶的角色，她都如此。如果說這樣還不算老媽子，那什麼才是老媽子？

早就聽說阿芳又要出書了，只是樓梯響了好久，一直不見人下來？從去年下半年開始，她就嚷嚷著要在固定的生活當中硬擠出時間來寫書，奇怪了，不就是本書嘛，不就是把平常上我節目的食譜手稿整理整理，不就八十道菜，大不

了一百道，夠了吧？上述這些揣測都沒有錯，但必須把它們放大三倍來看，因為這次她要一口氣出三本書，而且在食譜之外還要加上故事、心情、叮嚀和分解照片，我猜她當年大學聯考都沒有這麼認真過，否則她現在可能也是位台大法律系畢業的女總統了！

據說，之後她就要封筆，至少短時間她不會再做相同的事情，這恐怕就會把事情搞大了！在讀者還沒有為了搶購、收藏她的大作之前，就已經把這個老媽子給忙慘了。她一定要拿出最好的內容來，一定要鉅細靡遺通通寫到，一定不能讓讀者有任何買到虧到的感覺，更重要的是不能讓她自己封筆之後，午夜夢迴時還有尚未交代清楚的地方。

雖然我有此榮幸被邀請為這套書寫序，但說來說去都只是在說阿芳這個人，因為我相信，認識她的人，不必翻閱書的內容就會自動預購、訂購和搶購，至於那些不認識她的人，只要隨便翻上個一兩頁，就會買上一套，大家會買都是衝著她這個人，因為大家都和我一樣，相信「阿芳出品，人人有信心」！

本文作者為東風衛視《料理美食王》節目主持人

是你們和書中這些美好的食物，
豐富了阿芳最美麗的人生

終於，要提起筆，寫下在這套食譜書中，最令阿芳悸動的一篇文章。

走入螢光幕，拿起鍋鏟，口中說、手中做，到今年滿二十年了。拿起筆，彷彿走入時光隧道——求學時期的我，因為家中開設餐廳，每每同學假日出遊，我總是無法跟上，因為我得留在家裡，為忙碌的生意添一把手。後來家中餐廳因都市計畫道路拓寬，拆了半個店面，已經接掌店務的長兄和我，毅然決定結束餐廳經營。也許是被套牢在店中多年，於是接下來我選擇了可以走這看多的旅遊業。年少時的我曾經覺得，同學的假日很美好，為何我不然？但是參與家中餐飲事業，讓我學到了同齡的孩子所沒有的廚藝，生意忙碌緊湊，也練就我臨危不亂的手腳。後來又經歷旅遊業的磨練，培養了我的表達口條，加上旅遊業以客為尊的宗旨，更養成我心細及好脾氣的特質。回頭看，我很感恩這段青春歲月，它造就了電視上大家認識的阿芳老師，一個愛做菜、樂於分享的熱情媽媽。

其實，台上的阿芳老師，就是台下的我，一個很真實的媽媽。我從不認為自己的廚藝有多高竿，只是依循著作媽媽的感受，加上從小對食物的喜好，尤其是對鄉土美食的興趣，愛吃愛做，以及對飲食文化懷有一份眷戀的文青心態，讓我在年過不惑之後，對我的工作有了新的認識。我努力讓螢光幕上的料理教學更貼近生活、輕鬆易學；而出版的作品，除了親近大眾，更朝經典看齊，期許可以在實用之外，為許多可能因現代快速便利現成而慢慢消失的關於食物的生活智慧，留下文字及故事。讀者可以跟著阿芳的食譜，不只做出好吃的料理，還能夠看到並學習到許多即將失傳的傳統美味。

很多讀者及觀眾們常讚嘆，為何阿芳

會做這麼多食物，在此我想分享一個小祕密：在我三十四歲那年，突然有個念頭，不想自己的手指只會舞刀弄鏟，於是我開始在工作之餘勤練鋼琴，我並不是想要學什麼世界名曲，更不是要成為音樂家，只是希望在工作之餘，輕鬆地彈一曲〈甜蜜的家庭〉、〈河邊春夢〉，或者為孩子親自彈奏生日快樂歌，或為外子彈一首他期待我為他而彈的〈綠島小夜曲〉……就是這樣簡單的信念，同樣可以轉到家庭伙食的烹調，只要是家人想吃的、孩子愛吃的，不管做不做得好，我總是先試試再說，不好吃可以不斷修改，不成功再練，沒有經歷不好吃，怎麼感受得出好吃？沒有失敗的心得，怎麼有成功的方法！

這些我視為人生資產的食譜手稿，終於在年近半百、最成熟的條件下，要付梓成書了。收集規畫了多年的手稿，花了幾個月時間做文字整理；而因為季節農產跨越了早春、盛夏、入秋，食譜製作的拍攝工程也歷經了三個季度。阿芳由衷感謝這群最棒的工作夥伴們，過程中的艱辛也讓自己深深感受，這有可能是阿芳烹飪寫作的封筆之作，因為這樣的書，年紀太輕寫不出來，但年紀再大一些，體力也無法完成。

現在，它完成了，阿芳真的把它完成了。

在阿芳出版食譜的歷程中，經歷過社會經濟蓬勃發展，一般家庭需求簡單快速的做菜方法，因而有了《十分鐘上菜》；也有阿芳自己面對孩子在不同年齡的飲食需求而出版的各種料理筆記食譜；還有記錄下對小吃的熱愛及鑽研的小吃食譜《阿芳的小吃》。在景氣低迷時，小吃書成了許多讀者成就事業第二春的啟蒙，我也養成了和讀者互動的友善關係，更體會到一本食譜不是只有材料做法，而是作者多一分細心的表達，就能讓讀者在學習中得到屬於自己的經驗累積。看來每一本書都有它的時代因緣，而這次出版的家庭手做書，正是在回應一連串食安危機。因此，也希望藉由這套書，可以陪著大家正視如何找回與食物的正確關係，除了享受手做的樂趣，更能和家人吃得安心又快樂。

對我而言，手藝可以磨練，熱情可以激勵，但最重要的是，在我電視教學及食譜創作之路，一直與我同在的觀眾與讀者們。常常，在忙碌工作、一身疲憊之餘，阿芳會開啟電腦，搜尋著網路上大家如何製作阿芳所示範的食物，感受那種因阿芳的分享，而在每個家庭產生的手做幸福，如此，我又能丟掉疲憊，重新找回最大的動力。也因此，阿芳要用這一套在我家醞釀而生的幸福書，回送給大家，謝謝你們，是你們和書中這些美好的食物，豐富了阿芳最美麗的人生。

目錄
Contents

媽媽的小吃店..........60

媽媽的甜品屋..........132

米飯、油料、高湯篇

做好料理的基本工

如果問我下廚的基本工是什麼，我會說：煮好飯、選好油、熬好湯。

飯是東方人的主食，但怎麼煮飯可是大有學問，不是隨隨便便就有辦法煮出香Q的米飯。從選米、洗米到時間掌控，每一個動作都是關鍵。就像我說過的，最簡單的往往最不簡單。

再看看近來的食安問題，油品是爭議焦點，油怎麼做、怎麼來，消費者總是一頭霧水。所以我非常建議大家認識各種油品的概念，你才會知道吃進嘴裡的是什麼東西，還有一些可以讓料理加分的油料，輕鬆自製，美味又安心。

最後則是高湯，高湯是湯水料理的基底，提味增鮮的好幫手，一鍋好的高湯，可以讓各種料理都更加生色入味，就像是替後續的各種烹調打好底子。我介紹的幾道高湯，材料在一般菜市場就很容易取得。

　　本篇就從米飯、油料、高湯入門，讓阿芳教你練好煮飯做菜的基本工。

選好米，才能煮好飯
選米如選美，要內外兼具

認識米的認證標章

由於社會變遷、生活方式改變，在主食上，現代的人有很多種不同的選擇，但對常常開伙的家庭來說，米飯還是重要主食，經常三餐中有兩餐都會吃到米飯。

但你知道米要怎麼挑選嗎？台灣對於米的標準，有一個由國家訂定級別的制度，叫做CNS。透過專業的機器，判斷米的不良率，分出CNS一等、CNS二等、CNS三等的等級，從等級上，你就能看出米的好壞。

百樣人吃百樣米，各有所好

對許多家庭主婦、媽媽們來說，在挑選米的時候，主要是考量自己或家人的口感喜好，有人喜歡吃池上米，這是以產地概念來挑選；也有人愛吃台梗九號米或是長纖米、越光米、芋香米（台農71號），這是以米種為挑選概念，雖然都是米，但不同的米種，質地、香味可都是有所差異。

事實上，池上是一個產米的地區，但它所出產的米，品質並非完全一致，也是有良劣率的差別。而以台梗九號米或越光米來做挑選的標準，也是著眼於米種，但同一個米種，仍然有品質的好壞。真正的選米，還是要能夠分辨米的品質。現在一般家庭在選購米的時候，通常都是購買包裝米。包裝米最好分辨，因為包裝袋上就有級別的標示，即使沒有級別的標示，包裝袋上也一定有該批米的良率表，可以判斷出米的品質。

挑米也要挑出生日期

首先，在挑選米的時候，一定要注意袋口上的期別和製造日期。

什麼是稻米的期別呢？台灣的稻米收成，基本上是一年兩穫，每年五、六月的時候，第一期的新米上市，也就是入夏的時候，你就能買到今年的第一期新

米；而每年十一、十二月時，第二期米上市，也就是來年農曆年到清明的這段期間，你應該吃到的是前一年度的第二期的米。

知道一、二期米上市的時間，你在選購時就可以加以判斷了。譬如說，購買時要避免在農曆年到清明的這個階段，買到前一年度的第一期米。為什麼呢？因為這時候你買到第一期米，意味著米是在去年五、六月收穫的，這包米已經存放了將近一年的時間，就不能算是新米了。而米當然是新鮮的才好吃啊！

此外，包裝米袋上一定會標示製造日期。所謂的製造日期，不是稻米收穫的時間，而是稻穀收成存於糧倉，在製造日期這天經過脫殼、精米、包裝的程序，再做販售。這個日期如果與採買的日期愈接近，表示米的新鮮度愈佳。最好的狀況是，製造日期和購買日期不能差超過二十天。

形狀色澤透光性，都是品質保證

但如果你家不買包裝米，而是散裝米，那要怎麼判斷米的品質好壞呢？可以觀察米粒的外觀形狀和透光色澤來衡量米的優劣。譬如台灣人最常吃的是蓬萊米，它的特質就是米粒透光，看起來粒粒短胖晶瑩，所以以蓬萊米來說，米的透光性愈高、不透光的部分愈少，就表示米的保水度高，品質比較好。

除此之外，米的形體上，除了胚芽的缺角之外，還有一個「白度」（台語稱為白肚）的部位。白度之所以形成，是因為稻米結穗的時候，必須要有足夠的雨水，如果當季雨水不足，那麼白度的部分就會增加，表示米中的水分不飽和，在烹煮時不容易煮軟，煮出來的口感也不好吃。

這樣煮米，孩子把飯吃光光

為了保持米的新鮮，我建議一般家庭要看家庭人口和吃飯的分量買米。最好能在打開包裝的半個月內把米吃完，否則新鮮度就打折了，放久了可能受潮長出米蟲，煮好的米飯味道也不香了。另外，有個煮飯的小訣竅：不管煮什麼米，煮飯的時候，最後一個動作都是「開蓋鬆飯」，將鍋蓋打開，把米飯由下至上翻個位置。這個動作最主要的目的，是為了讓沉在鍋底下、吸水量較高的米飯，有機會翻上來，把濕氣透掉，均勻水分。這樣吃起來的米才不會太軟爛，口感較好。

白飯

材 料

● 白米、
　水適量

做 法

1

每1量米杯的米可烹煮
成2碗白飯，視需求食
用分量，適量取米。

2

白米快速以清水順時針
方向淘洗2次，每次不超
過15秒，倒去洗米水，
放入電鍋內，加入水，1
杯米約1杯水，先浸泡20
分鐘（若米為久放的白
米，水份可酌加）。

3

電子鍋直接烹煮，傳統蒸氣電鍋則以外鍋1杯水的水量，煮至電鍋跳起。

4

開蓋鬆飯，使上下水份均勻，再蓋燜10分鐘，離水回Q即成。

阿芳老師的手做筆記

- 煮飯的水量掌控：新米水少，舊米水略多，糙米則需1杯米兌1.2～1.3杯水的分量。
- 飯要好吃，電鍋煮好跳起後，一定要以飯匙翻鬆米飯，再蓋燜，多餘的水氣在拌動時會蒸散掉，飯會更鬆散，燜飯則讓水氣回吸，更添美味。
- 吃不完的米飯冷卻後，要包好放入冷藏，避免長時間保溫，米飯的澱粉質在保溫狀態下會慢慢變質，由於還不到酸敗的程度，一般人常就在不講究及惜福的心態下把變質的米飯給吃下肚了。

五穀米飯

材料

市售五穀米（十穀米）適量、
熱水適量

做法

1　五穀米快速搓洗兩次，依照
　　包裝指示添加水份，一般為
　　1杯五穀米添加1.2～1.3杯的
　　熱水，浸泡1小時。

2　以傳統蒸氣電鍋外鍋1.5杯水
　　或電子鍋煮至跳起，開鍋鬆
　　飯翻勻，再蓋鍋燜30分鐘以
　　上。

阿芳老師的手做筆記

● 五穀飯的基礎是糙米，因為糙米
　的外層是一層糠層，比較不容易
　吸水，口感偏硬。所以在烹煮糙
　米或五穀飯，除了浸泡熱水，讓
　熱水的溫度軟化糠層，也讓米飯
　的糊化加速，更重要的是飯煮好
　時，一定要鬆飯使水分均勻，
　且讓燜飯的時間比一般白米飯久
　一些，才能讓浮在米飯表面的水
　分，藉由燜飯的時間進入米飯
　中，達到辟水回Q的效果。

● 喜歡口感較軟者，可於電鍋第一
　次跳起，先將飯翻勻，外鍋再加
　半杯水多煮一次，一樣要後燜30
　分鐘。

紫米飯

材料

蓬萊白米2杯、
台灣黑米2～3大匙、
水2.2杯

做法

1 白米加上黑米一起快速淘洗2次，
倒去洗米水。

2 重新加入水，稍加浸泡20分鐘
後，開始以電鍋煮熟。

3 電鍋跳起，鬆飯均勻再蓋燜10分
鐘即成。

阿芳老師的手做筆記

● 傳統紫米一般稱為黑糯米，質地
硬實不易煮軟，所以要長時間浸
泡，並兌上了圓糯米增加Q糯的
口感，多半煮成黑糯米飯做成點
心。但這幾年台灣彰化溪洲的農
民種植出了新品種的台灣黑米，
雖然還是有糯性，但不像傳統黑
糯米一般難煮，只要一般煮白飯
的手法即可煮熟，加上含有豐富
的花青素及膳食纖維，更有特殊
的香氣，因此除了替代傳統黑糯
米用於製作點心，也可添加蓬萊
白米，煮成顏色漂亮、又有花青
素、口感又好的紫米飯，適合日
常搭配飯菜食用。

白粥

白米1杯、沸水6杯

1　白米洗淨先以清水浸泡30分鐘。

2　可以直接使用電鍋外鍋1杯半水烹煮。或以瓦斯爐火先煮水沸騰，倒入米煮至沸騰，改中小火微開蓋煮20分鐘。或以快鍋設定加壓烹煮3分鐘，待洩壓開鍋即可。

阿芳老師的手做筆記

● 煮粥看似簡單，學問極大。白米浸泡後煮粥，最能煮出米精之氣，粥稠糜香，如果以瓦斯明火烹煮，要在水沸後才將米下鍋，避免黏底。以家中不同烹調工具都可很方便煮出白粥。

● 若是白飯烹煮稀飯，則是一碗飯對2碗半水的比例，以瓦斯爐火烹煮較能煮出粥香。

暖胃，話家常，開了家人心
這一碗，
養我長大的地瓜稀飯

　　阿芳初嫁至台北的時候，家中早餐仍然由阿芳的婆婆打理，婆婆習慣大清早到附近學校運動，回家後就為一家人備好早餐：一鍋稀飯或是地瓜稀飯。好吃嗎？雖然感念婆婆的心意，但是我仍然要說，真的不好吃。因為婆婆大約六點多煮好稀飯，可是當我和先生起床準備吃早餐出門工作去，大約已經是七點半至八點了，那一鍋粥已經變得濃稠，米花也稠得像米糊一般。

一鍋粥，一條回家的路

　　時光拉回到阿芳小時候，當時我父親在沙拉油廠擔任廠務主任，但在阿芳國二時，沙拉油廠竟然結束營業了，父親面臨中年失業，而我們三兄妹又正值求學花錢的階段，即使媽媽再怎麼節省，努力做家庭代工，卻也無法平衡家裡收支，於是勇氣十足的爸爸，在不得不的狀況下，開了一家名叫「可口清粥小菜」的小館，經營模式就類似台北復興南路上的清粥小菜。我們家的店就位於

台南市中心西門路與正興街街口，傍晚開始營業至晚上兩點，所以店裡每天都要煮上好大一桶粥，大約2～3個小時賣完，又要再煮下一桶，而不管是幾桶，都得讓客人覺得吃起來像剛煮好的粥。所以阿芳在國二時，就已經學得媽媽這一手煮稀飯的好功夫。

　　那時店裡買地瓜可不是幾條，而是一次一袋，五十或一百斤，所以我也學會了地瓜買回後，一定要把兩端最容易長芽的莖頭切掉；用木頭鑲銅片的傳統菜剉，才能剉出條絲飽滿的地瓜籤；在湯水中調些許冰糖，讓客人喝到的每一口粥都是甜的，卻感覺不出那是糖加持的；最具挑戰性的，是熱騰剛煮好的粥，跟鍋底最後幾碗粥汁的濃度不能差太多；最難的一關，在於如何讓地瓜稀飯湯稠米粒香，在粥湯煮好時勾入澱粉。

就是這樣一鍋粥，曾是阿芳家中的生計來源，協助父母將我們扶養長大。每當阿芳想起這一段往事，腦海裡永遠記得放學後要回店裡幫忙，打烊時已是半夜，阿芳騎著腳踏車，而辛苦的爸媽慢慢騎著摩托車在後面看顧著我，冷冷的夜，從市中心騎回國民路的家可真是很遠的一條路，一條永遠留在我心中的路。

從早餐到消夜點心，一樣甜味可口

阿芳多年前曾經在節目上，搭配豆腐乳示範了一次地瓜稀飯的做法。一次，疲憊的阿芳在網路上看到一位住在美國的觀眾寫了一篇文，開口第一句就是：「今天開電視看到阿芳老師煮地瓜稀飯，心想阿芳老師未免也太混了吧！連這個地瓜稀飯也要教。」可是當她看完之後，當晚立刻如法炮製煮了這樣一鍋稀飯，還把步驟一個一個拍得清清楚楚。最後的讚美，讓阿芳不禁會心一笑，又找到了隔天努力的動力。

慢慢的，家中的稀飯不再是早上煮，變成了消夜點心，兩個孩子也都喜歡。有時阿芳瘋狂得忙起來，可能一整天沒

什麼吃，或是評比食物時被某一類食物嚇到失去胃口，更可能是很多天都無法和孩子們吃上晚餐。這時候，阿芳就會煮上一鍋稀飯，擺上各式各樣豐富的小菜，豆腐乳、肉鬆、鹹蛋、皮蛋、花生麵筋、茄汁鯖魚、炒蘿蔔乾，跟孩子來一個消夜晚餐，一家人聚在一起，藉由這碗香甜熱口的稀飯，溫暖了胃，話話家常，開了家人的心。

地瓜稀飯

材 料

白米1杯、
地瓜1條、
水7杯、
冰糖1小塊、
太白粉水適量

做 法

1　白米洗淨以水浸泡30分鐘瀝乾。

2　水加冰糖先煮，地瓜刨皮後可切塊或刨粗絲，立即投入熱水中煮至沸騰。

3　米加入沸水中再煮至沸騰，即可加蓋微開，以中小火煮20分鐘。

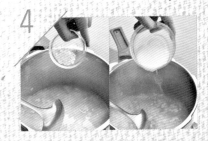

4　以太白粉水勾薄芡，先取出一碗米湯留用，熄火燜5分鐘即可食用。地瓜稀飯先杓起食用。第二輪再倒入預先盛起的米湯拌勻。

阿芳老師的手做筆記

● 地瓜稀飯的竅門在於：米先泡，可以輕鬆煮透，煮出米精之氣。水先燒沸才刨地瓜，地瓜較不易因刨成細絲和空氣大量接觸而變黑。水沸米才下鍋不黏底，也可省了不斷攪拌的麻煩。微加冰糖，稀飯更顯香甜，但不宜過多，吃得出來就不高明了。煮好粥勾太白粉水，和粥湯一樣稠感但不易察覺，卻可防米粒爆漿無限吸水。而剛煮好的稀飯湯多粒少，盛出一碗米湯，比例較佳。到了第二輪，鍋中稀飯因放置而變得粥濃湯少，補入預留米湯，重回剛起鍋的最佳比例及香氣。

電鍋糯米飯

材料

 糯米1斤
（約4量米杯）、
水適量

做法

糯米以量米杯量好，快速以水淘洗2次，
瀝乾不需浸泡放入電鍋。

長糯米以1杯米0.6杯水的比例、圓
糯米以1杯米0.7杯水的比例量好。
（所以1斤糯米為4量米杯，則長糯
米為2.4杯水，圓糯米為2.8杯水。）

以傳統蒸氣電鍋
外鍋1杯水或電子
鍋直接烹煮，電
鍋跳起後再多燜
15分鐘即成。

傳統蒸
糯米飯

材 料

⊙ 糯米適量、
水適量、
熱水適量

做 法

1

糯米洗淨，以清
水浸泡2小時瀝
乾。

2

在有洞蒸鍋
上鋪上濕布
巾，倒上糯
米，並在米
上挖出幾個
透氣洞眼，
即可蓋鍋蒸
15分鐘。

3

開鍋翻飯並試熟
度，不夠透可灑
上少許熱水，再
蓋鍋續蒸，約蒸
20～25分鐘，可
完全把糯米飯蒸
熟。

阿芳老師的手做筆記

● 不管是電鍋糯米飯或傳統的蒸糯米飯，都可以用於製作油飯、飯糰、甜點及
粽子，以電鍋烹煮的糯米飯較為軟，以蒸鍋蒸糯米飯則較為乾爽不糊軟，可
視需求選擇不同手法。

挑好油，用對方法
幫料理打好基底，
美味大加分

現在人因為健康觀念的影響，崇尚清淡、自然、原味的飲食，在使用油量上也愈來愈少。不少媽媽們抱持的觀念，還是早期那種「買一瓶油，什麼菜都能用」。但其實這種用油方式是不好的，因為不同的食用油有不同的特性，也有不同的檢驗方式。我們要理解油品的特性，才能正確的使用油。

用油時要眼睛仔細看，鼻子認真聞

過去傳統一般家庭燒菜，用的大多是豬油；後來隨著社會發展與生活型態

的改變，沙拉油逐漸成了大宗；到了現在，生活品質的提升，使家庭用油的健康概念抬頭，烹調的用油選擇就更多元了。

近年來，家庭一般烹調用油以玄米油、葵花油取代了基因改造的大豆沙拉油；而在西式料理或低溫涼拌的食物，改用橄欖油；一些傳統的補氣養身食物或藥膳製作，除了胡麻油外，因健康意識強化，傳統的苦茶油也重新被重視。如果是為了讓菜餚提味，通常會選用香油或芝麻油。油品百百種，認識油品，視料理的需求選油，才是正確之道。

那麼，要怎麼挑選好油呢？除了選擇可以信賴的品牌外，消費者必須先用肉眼仔細觀察，好的油品清澈沒有雜質，油色與原料接近，氣味清爽沒有厚重的油耗味。不過像苦茶油、胡麻油及高檔

的橄欖油，因為是使用傳統壓榨法製作出來的油，反而氣味應該濃郁香醇，而且瓶底會含有些許雜質。

新鮮油新鮮用，提味增香好幫手

以前大家庭人口多，媽媽餐餐都要煮飯做菜，油的消耗量很大，所以賣場裡經常可以看到家庭號的大罐裝油品，許多婆婆媽媽們會覺得買家庭號的包裝比較划算，放著慢慢用，反正油也不會壞。

但這個想法是錯的，其實油和許多食材一樣，有新鮮和不新鮮的差別，即使在採買時油品是新鮮的，但也很容易因為家庭烹調不夠密集，或保存方式不佳，而變得不新鮮，甚至變質。因此，建議適量採買，不存貨過多，視家庭用量選擇小包裝的油，並且盡量在開封後一個月內食用完畢。

儲存的時候，最好使用深色玻璃罐，存放在陰涼處，避免變質。使用前可以先用鼻子聞聞看，如果油帶有臭油味或是霉味，就不宜再使用。

自己做，更加了解油料內容與製程

在阿芳家，常備大約有3～4種的烹調用油，我會視料理的需求使用不同的油，不論是玄米油、苦茶油、葵花油、豬油或橄欖油。前四種主要用於料理，

而橄欖油也會用於西式沙拉或是製作麵包的油脂。

特別要提到豬油。除了拿來料理之外，阿芳也會拿豬油製作點心（做成酥油），或者在料理完成後，添加少許豬油，就會產生特別的油脂香氣。

至於像是油蔥、蔥油、蒜油，雖然市售方便又便宜，但除了製程不透明，成分往往也令人擔心。所以在這裡，阿芳就要教大家傳統的家庭豬油的製法，以及一些可以提香提味的油料，這些東西市場可能都買得到，但自己做更安心，也可以更加了解如何分辨這些油料的品質。

炸豬油

材料

豬板油1斤、
薑片3～4片、
青蔥段2.3根

做 法

1

豬板油洗淨，入冷凍
庫冰成半硬狀。

2

切成小丁塊狀。

3

放入炒鍋中，開中火
慢慢炸出油。

4

炸至油渣浮在油面，放入蔥段、薑片，再
炸至豬油渣縮成小粒狀、油脂盛出放涼即
為豬油。

水蒸豬油

材 料

◉ 豬板油1斤
　（絞細）

做 法

1

豬板油請販商絞成碎
末狀。

2

湯鍋中放入水及蒸
架，放上一內鍋，
鍋內放上絞油末。

3

內鍋蓋上金屬蓋或瓷盤即可，蓋鍋以中小火蒸30分鐘，取出撈去油渣沫，放涼即為潔白水蒸豬油。

阿芳老師的手做筆記

● 炸豬油可以使用豬肥肉或是無組織的豬板油，用切的用絞的都可以，如果要蒸豬油，就一定要使用無組織的豬板油，而且一定要用絞的，才能蒸出豬油，如果要蒸的效果更快，也可以不加蓋，只是蒸好的豬油帶有水分，要多一道將豬油冷藏放涼，豬油凝固，將水份倒掉的程序。

● 炸豬油香、蒸豬油白，各有優點，炸豬油用於後拌或調餡特別美味，而水蒸豬油就適合用於做烘焙或炒菜時再回鍋爆香。

● 水蒸豬油：顏色清澈，凝固後顏色白皙。香氣較清淡。
可以來重新回鍋爆香炒菜，或製作糕點時作為酥油使用。

● 炸豬油：顏色偏橙黃，凝固後顏色偏米黃。有酥炸的香氣，氣味較濃。
用於調拌用，例如燙拌青菜、拌麵，亦可在製作點心時作為油酥使用。

水蒸豬油　　炸豬油　　水蒸豬油凝固　　炸豬油凝固

材 料

紅蔥頭1斤、
植物油2杯、
鹽1小匙

做 法

1

紅蔥頭以水略沖過，
剝去皮膜，以刀切成
薄片狀。

2

紅蔥頭末以鹽略拌
勻，加入植物油一
起入鍋。

3

開火不停翻炸，至紅蔥頭末開始變黃，改小火慢炸至全數蔥頭末變微金黃色，撈出鋪在吸油紙巾上，全涼後即可包妥。長期保存以冷凍法保存為佳。

阿芳老師的手做筆記

● **如何運用**：油飯、肉燥餡使用。

● 油蔥酥要炸酥，不宜切厚，火候掌握得宜，在呈淡金黃色即離鍋，顏色會後深，自然可乾酥，若不足尚有紅蔥則會帶嗆蔥味，過頭則帶焦苦味。

● 炸過蔥頭的油脂，帶有濃濃的蔥香味，可以裝瓶，用於拌菜提香。

豬油蔥醬

材料

⬤ 紅蔥頭1/2斤、
豬油2杯、
植物油1/2杯、
醬油1/2小匙

做法

1 紅蔥頭切成細丁末。

2 加上冷豬油入鍋以
中火炒炸，至蔥頭
末開始變微黃，即
改小火慢炒。

3

至紅蔥頭未完全變金黃，加入醬油不停推炒提香，熄火，加入植物
油降溫，裝瓶放涼後，可冷藏保存使用。

阿芳老師的手做筆記

● **如何運用**：各式湯頭、台式麵食。

● 豬油蔥是很有本土風味的提香利器，知名的肉燥泡麵即靠這一味，火候的掌
控很重要，不能炸至過焦是最難之處，所以在最好的狀態下，立即加入植物
性油脂降溫，也讓炸好的油蔥放涼不致過硬。

● 由於整鍋都是熱油，若加入醬油提香，因為醬油是水份，一定要不停炒動，
才不會讓醬油沉在鍋底，變成水蒸氣而產生油爆。

老蔥油

材料

- 青蔥1把
  （約5～6根）、
  薑絲1小撮、
  植物油1杯

做 法

1

青蔥洗淨晾乾，以刀
略拍切成段。

2

蔥段薑絲加上冷油
入鍋，開中火不停
翻炒。

至蔥段變成焦黃色即可盛出。

冷卻後連老蔥薑絲及油脂裝瓶使用。

可愛的惜福媽媽經

每次講到老蔥油，就會想起媽媽們惜福好笑的一面。媽媽買菜時，常常剛買回來的青蔥都是新鮮嫩綠的，但是家中的冰箱裡可能還有一些已經發黃萎縮的舊蔥。然後呢？很多媽媽都有惜福的美德，想說先把舊蔥用完再用新蔥，結果等舊蔥用完了，新蔥也變舊蔥了。所以每當阿芳買了新蔥，二話不說就會先把新鮮蔥尾切下來，加上冰箱中剩餘的乾扁舊蔥，一起炸成老蔥油使用，而且蔥尾和舊蔥水氣都少，所以炸起來更節省時間，很快便炸乾炸香。

阿芳老師的手做筆記

● **如何運用**：燴菜、粥品起鍋提香。

● 所謂爆老蔥油，就是要把蔥的水份爆掉，讓它產生香氣。失去新鮮度的舊蔥比新鮮的蔥來得乾扁，水份少，所以爆起來速度較快，但香味不減。而加薑的主要目的在提香。

● 炸好的蔥油，可以蔥段和油脂合一，也可以分開保存。老蔥乾可以在滷肉時運用，而蔥油則裝瓶保存，這樣的蔥油雖然是植物油，在冰箱中和冷壓不濾渣的橄欖油一樣，會像豬油一般凝成固態狀，放回室溫又會融化。

蒜酥&蒜油

材 料

蒜頭4兩、
植物油約1杯、
鹽1/2小匙

做 法

1

蒜頭拍破剁切成粗丁末，以鹽
略拌，加上冷油入鍋中。

2

以中小火翻炒。

3

翻炒至蒜末變金黃色即可撈出放吸油紙巾上，放涼即可包好，鍋中
油脂即為蒜油。

阿芳老師的手做筆記

● 如何運用：粥品、湯品、蒸海鮮。

● 老蔥油的使用重點在熬出的蔥油，而蒜酥的重點在蒜。蒜酥是潮州菜系常會
應用的提香物，粥品、湯品、清蒸海鮮，都會加上一把，香而不辛辣，與生
蒜是完全不同的效果。

● 蒜油則是做蒜酥時的副產品，可以拿來拌菜或調麵，之所以說拌菜，是因為
蒜油已經是炸過的油，不建議拿來做炸炒等二次使用。

材料

粗片辣椒粉2/3杯、
植物油1.5杯、
香油2大匙

做法

1

辣椒粉放入耐熱的玻璃瓶中，加入冷香油攪勻。

2

3

植物油以小鍋加熱至油熱，投入辣椒1小片測試，辣椒片不沉底、不焦黑為最佳溫度，油即可熄火（若油溫過高可略放幾分鐘降溫）。

將熱油倒入瓶中，辣椒片因熱浮在油面上，再靜置放至辣椒片完全沉底，即可離出辣油及辣渣，亦可混合使用。

阿芳老師的手做筆記

● 如何運用：麵食沾醬、拌菜、滷味皆可。

● 製作辣渣辣油，最重要的就是油溫的掌控，溫度過高很容易把乾辣椒片炸焦，導致顏色偏深咖啡色，油溫不足又炸不出香氣，利用香油先把辣椒片吸油打濕，同時要避免過溫，再來淋油，就可以做出有辣油鮮紅、辣渣香辣的極品紅油。

● 油和渣是否分離，則視個人需求而定。油冷之後，辣渣就會沉下去，要油要渣就可以隨你取用。

一鍋好湯，料理更輕鬆

讓美味鮮味
都升級的高湯

阿芳喜歡喝湯，手裡捧著一碗熱熱的湯，喝進嘴裡滿是香醇，身體也跟著暖了。每到吃飯時間，如果餐桌上少了湯，總會覺得缺了什麼。

一碗湯，一段姻緣，一生幸福

還是單身時，阿芳曾參加一趟去紐西蘭的旅遊，雖然是大洋洲國家，可是

因為跟著旅行團走，所以沿途吃的幾乎都是中國餐廳的合菜，總共幾道菜我忘了，但印象深刻的是，每次都是一桌人分一鍋湯，一人一碗剛剛好，一點多餘也沒有。

那次旅遊是在九月天，正值紐西蘭冰天雪地的季節。餐桌上那鍋熱湯雖然不好喝，對嗜湯的阿芳來說卻很重要，偏偏一碗湯的分量對我來說實在不夠，後來我居然想出一個方法，就是把餐餐都有的炒青花椰菜夾入碗中，拌點菜湯，再跟餐廳要些熱水加進去，撒上一些胡椒或鹽等現成調料，將就著當湯喝了起來。

當時同桌有一個人看我這麼愛喝湯，餐餐就把自己那一碗湯讓給我。那個人後來成了阿芳的先生，也可以說是用一碗湯換得喝一輩子好湯的緣分。

忙碌媽媽也能做好湯

接下來阿芳要介紹幾種簡便的基底高湯。西方人喜歡把湯放在正餐前吃，達到暖胃開胃的效果，而我們亞洲人則習慣把湯放在一餐的最後，做一個完美的結束。不管是放前或放後，湯品都是餐桌上不可或缺的一個重要角色。

高湯是湯品和料理的基底，而最常見的高湯莫過於排骨高湯，運用排骨和水這兩樣基礎食材，就能做出各種變化。

阿芳的工作忙碌，沒有太多時間熬煮湯頭，所以我通常會一次買上兩斤的排骨，將排骨一次汆燙洗淨，分裝成五、六包冷凍起來，每一包大概有五到六塊排骨。這樣的分量煮一鍋湯剛剛好，少了味道不足，多了湯水油膩。

等到要用的時候，從冷凍庫裡取出一包排骨來，放進鍋裡加冷水，直接開煮，沸騰後再把雜質撈掉，配合時令還可以加入不同的配料，不管是蘿蔔或竹筍，煮出來的高湯都很美味，而且不費時費事。

速成的高湯，效果一樣棒

以前的媽媽們想到要煮高湯，都認為必須經過長時間燉煮，很花瓦斯錢，但現在因為科技進步，廚房的配備也跟著改進，尤其快鍋的出現，改變了許多媽媽們對於煮飯費時的印象。傳統熬排骨湯，至少需要三、四十分鐘，但現在透過快鍋，可以省下近四分之三的時間。

沒有快鍋也沒關係，有一些速成的高湯，同樣可以在極短的時間內完成，快速達到高湯的效果。柴魚湯、昆布湯、快速清湯，都是忙碌的阿芳時常使用的手法。用熱水沖開絞肉，煮至沸騰，撈出肉末，就成了快速高湯；汆燙柴魚片或昆布，同樣不花時間。透過簡單的方式，也能得到美味的湯頭。

雞骨湯

材料

● 雞骨架2～3付、
雞爪1/2斤、
薑片2～3片、
水1鍋

做 法

1

雞骨架及雞爪放入鍋中
加冷水淹過，開火煮至
沸騰熄火。

2

洗淨雞骨架及雞
爪。

3

將雞骨、雞爪、薑片
加上水一起煮開，改
小火加蓋煮30分鐘，
熄火靜置放涼即為雞
清湯。

阿芳老師的手做筆記

● 雞湯清爽，雞骨架
若帶有少許肉質
味，煮出的雞湯
更為有味，添加
雞爪同熬則潤口
不油膩。

豬骨湯

材料

豬骨1斤、
水1大鍋、
蒜仁2粒（不放亦可）

阿芳老師的手做筆記

● 熬豬骨湯最重要的就是
把豬骨洗淨，所以汆燙
要以冷水起鍋，血水浮
沫才能完全釋出。冷水
起煮，大骨的精華才能
釋出。另外，熬好的高
湯，要至食用時才調
味，才能維持豬骨湯的
香氣。

做法

1 豬骨加冷水淹過，開火煮至沸騰熄火。

2 倒去浮沫血水，豬骨以清水洗淨。

3 取大鍋加入豬骨及足量的冷水，一
起煮開，視湯質需求，清湯蓋鍋改
小火煮1小時，毛湯則加多水及蒜仁
不加蓋，改中大火煮至湯汁泛白。

柴魚湯

材料

粗柴魚片1把、
水或雞高湯1鍋

阿芳老師的手做筆記

● 如何運用：日式湯頭、
海鮮粥。

● 柴魚香而鮮，但不耐
久煮，才能保有香氣，
且泡水後的柴魚口感不
佳，所以要將泡水柴魚
過濾掉為佳，若不想過
濾，就要把乾燥的柴魚
片放在袋中揉碎成粉末
狀，才適合直接投入羹
湯中。

做法

1 水或雞湯在有蓋的
鍋中煮沸。

2 熄火將柴魚片投入
即可蓋燜5分鐘。

3 開鍋瀝去柴魚片，即為柴魚清湯。

昆布素高湯

材料

昆布1段約5公分、
黃豆3大匙、
水10杯

做 法

阿芳老師的手做筆記

你也可以這樣做：
昆布的鮮味極高，不
熬成高湯，也可以把
昆布剪成小絲段狀，
煮家常湯品時，只要
丟入一小根，可以取
代味精，增加湯頭的
鮮美。

1

昆布擦拭乾淨，加
水5杯一起泡漲（約
1小時）。

2

黃豆洗淨以5杯水
一起泡漲（約1小
時）。

3

兩者湯水一起混
合煮至沸騰，加
蓋改小火煮15分
鐘，趁黃豆尚未
繃花即可過濾。

快速清高湯

材 料

水適量、
絞肉2～3大匙

做 法

1

水煮至微沸騰狀,絞肉加入熱水中攪散,續煮至湯水完全沸騰,把肉渣撈除,即
為帶有肉鮮的清高湯。

阿芳老師的手做筆記

● **如何運用:**烹煮麵食、魚湯、粥品。

● 這是阿芳在家極常用的高湯手法,用多少煮多少,絞肉剛下水,因為含有蛋
白質,會讓湯水變白濁,沸騰後又變得清澈,撈除肉渣就不易察覺是高湯,
但用於烹煮海鮮魚湯或蛤蜊湯或粥品,卻可使一般家庭小量烹調、用料不多
的料理,擁有醇厚的湯頭。

媽媽的小吃店

跟我一樣遠嫁他鄉的人，或者是已經為人父、為人母者，抑或是從小吃著巷口美食長大的老老少少，不曉得大家是否跟我有同樣的感覺：常常嘴裡吃著同樣的東西，卻完全找不到記憶中的滋味，或許是地域物產與料理方法不同，但更多則是少了那種鄉親土親的另類食物溫度！

我是道地的台南人，各種台式小吃對我來說就像家常便飯，也能信手拈來。到台北生活以後，每當想念起家人與故鄉，我總是透過小吃來撫慰心情。我曾經在電視節目上被燕哥稱我為「小吃殺手」，因為我做遍各地小吃，我也熱愛研究古早味，然後用現代的烹調手法及概念重新製作。

小吃象徵著一種古與今的生活傳承，能為家人端上一碗媽媽故鄉的美味，人與人、人與土地之間的距離也就拉近了。

阿芳上麵

不知客倌您
今天想吃哪種麵？

　　原本以米飯為主食的台灣飲食，如今麵食當道，因為麵好做又方便，忙碌的時候、一個人在家不想大費周章的時候，燒個水、煮個麵，利用高湯或拌個醬，就是一餐了。

豐富多樣的誘人麵食

　　一般來說，麵條可以分成壓麵和揉麵。壓麵的水份比較少，和水的麵粉成了麵穗子，做好後靠機器整壓，再切割成一條一條的麵條。這樣製作的麵條水份少，如果不是經過風乾的乾麵條，通常不耐煮，但快煮快熟的特質，讓它有彈牙的口感，常見的陽春麵就屬這一類。

　　而拉麵、刀切麵、揪片則屬於揉麵，較壓麵水份高、濕潤，藉由揉麵的動作；讓麵糰產生筋性及延展性，因此麵粉要挑蛋白質含量高者為佳，煮好後有滑滑的質地，吃起來則有軟中帶Q的口感。到餐館吃刀削麵時，常會見到師傅先將麵糰揉一揉，目的就是讓麵糰鬆弛的筋性變結實。

　　不同的麵條，搭配不同的澆頭麵醬，就可以變化出豐富多樣的誘人麵食。

不管如何都要親嚐的五大麵

　　由於對美食的追求，阿芳經常利用工作之餘的少少假期，跑遍各地品嚐美食，說什麼也要親自吃到、嚐到、看到、學到才算數。聽聞傳說中的中華五大名麵，愛吃麵食的我怎能錯過呢？於是這些年，阿芳實地考察並研究了這五大名麵，包括了老北京炸醬麵、武漢熱

乾麵、四川擔擔麵、山西刀削麵、甘肅的蘭州拉麵，而其中最講究的，就是皇城下的美食——老北京炸醬麵。一碗白煮的麵條，經過店小二的吆喝，快手為客人倒上充滿油香的炸醬和清爽的菜碼，搭上字正腔圓的順口溜，讓一碗麵變得美味與趣味兼具。

台式做法，肉燥是關鍵

而在台灣，常見的麵除了肉燥麵、麻將麵、陽春麵，牛肉麵也已經成為台灣美食代表。很多人以為牛肉麵是外省料理，但我走過中國許多省分，吃來吃去，還是覺得台式牛肉麵最好吃。此外，還有因應天氣炎熱而生的台灣涼麵，也是一絕。

說來滷肉燥可算是台灣傳統美食的精髓，一鍋好吃的肉燥，拿來拌麵、拌飯、拌菜、提味都速配，可以說是料理的百搭款。

我記得小時候，每到吃飯時間，走在巷弄間，常常可以聞到滷肉味飄香。家家戶戶都有獨門的媽媽肉燥，做得好、做得精，除了自家吃，有時甚至開起小吃店，成為營業利器。

滷肉的製作過程並不複雜，一般家庭可以簡單用絞肉拌炒後再滷，若要講求口感Q彈和富膠質，可以選用五花肉，稍微冷凍後手工切小丁，就可以滷出一鍋不輸營業水準，皮彈肉香的手工肉燥了。

阿芳家的肉燥，料理的基因

我們一家都愛吃肉，尤其我先生，他常常會上市場買好五花肉或豬腳放在廚房，我看到便心領神會，隨手滷上一鍋，除了好吃，也是一種幸福的默契。

阿芳的肉燥也有獨門的簡單工夫，關鍵就在醬油煮沸的過程。熱鍋中有炒絞肉時滲出的豬油，再倒入醬油，一定要煮至完全沸騰產生香氣，才能將水加入，這樣醬油加上豬油燒煮出的香氣，會持續到肉燥完成；如果太早加水，醬油的香味就會出不來了。

有天我聽到兒子說：「這個肉燥就是我們家的味道。」我心想，原來不知不覺間，我也有了傳家菜色。於是我還慎重其事地把肉燥做法教給兒子女兒及新進門的媳婦，希望就算爸媽不在身邊，他們也能隨時嚐到家的味道。

肉燥
肉燥麵

材料

A 絞肉1斤或
帶皮五花肉丁1斤、
豬油1/2杯、
醬油1杯、
油蔥酥1杯、
水4杯

B 水煮鴨蛋10個

C 麵條、
小白菜、
蔥花適量

做法

1

絞肉在鍋中以半杯油炒散，加入
醬油炒到醬汁完全沸騰，再加入
油蔥酥炒勻，加入水及水煮鴨蛋
即可蓋煮至沸騰，改小火煮20
～30分鐘。

2

熄火後浸泡至隔日重新煮滾，
滷蛋即完全入味。

3

麵條煮熟，小白菜燙熟，盛碗
淋上肉燥、撒上蔥花即成乾
麵，亦可加入煮麵水即為湯
麵。

阿芳老師的手做筆記

● 如果每個家中都有一碗媽媽麵，那阿芳家就是這碗胖子麵了。會叫做胖子
　麵，源自女兒小時候吃了這一碗媽媽所煮的肉燥拉麵，由於麵條比起細麵
　條胖得多，孩童的詞彙就是很具體，因為麵條比較粗，所以就叫胖子麵，
　叫著叫著也就習慣了。我們夫妻倆中午在家，可能就一人一碗胖子麵打
　發，孩子沒跟上吃飯，問孩子吃什麼？得到的回覆通常是胖子麵，也就是
　那一鍋家裡的肉燥所調出來的媽媽麵。

● 肉燥冰存在冰箱中，如果多天沒有使用，一定要拿出來重新加熱至沸騰，
　才能延長保存的時間。每一次重新加熱時，可以加一點水，口味才不會因
　為重複加熱而變得過鹹。

紅燒牛肉麵

材　料

Ⓐ　牛腩或牛腱2斤

Ⓑ　油4～5大匙、薑5～6片、
　　洋蔥丁1/2個量、
　　番茄丁1個量、
　　香料1份（花椒粒1大匙、
　　八角粒2粒、桂皮1小段、
　　丁香8～10粒、廣陳皮1片、月桂葉2～3葉）

Ⓒ　甜麵醬5大匙、
　　豆瓣醬4大匙、
　　醬油3大匙

Ⓓ　水10～12杯、
　　拉麵、青菜、
　　蔥花、炒酸菜適量

做　法

1

牛肉切塊以沸水略氽
燙洗淨。

2

以油先炒香料，再
下薑片及洋蔥爆
香，撈起放入網球
中，油再回鍋中炒
軟番茄，再盛入網
球蓋好，油脂再回
鍋中。

3

下牛肉塊及C料炒香，加上香料
網球及水一起入湯鍋煮沸，改小
火燉煮50分鐘熄火（亦可改用
快鍋煮至滿壓聲響改小火煮10
分鐘），浸泡2～4小時後更入
味。

4

食用時將紅燒牛肉加
熱至沸騰，另以開水
煮熟拉麵及青菜盛
碗，淋上紅燒牛肉，
再加少許蔥花及煮麵
水即成，並視個人喜
好添加炒酸菜提味。

阿芳老師的手做筆記

● 這裡所指的豆瓣醬是指濃的原味豆瓣醬，
甜麵醬也是未炒製的原醬，兩者可在市場
中貨色較全的南北雜貨舖買到。烹調時要
多炒幾下，將釀造的發酵味炒出香氣，再
添水燒滷，就能讓紅燒牛肉有香味、鹹
味、濃度。

● 家庭一次烹調不會太大鍋，如果一開始加
入過多的水量，滷出的牛肉就會不夠味。
而若麵湯不夠，煮麵時可添加高湯，或加
入煮麵水亦可。

甘香鹹的完美融合
一口炸醬，滿嘴醬香

道地的炸醬麵多見於北方的餃子館，提起炸醬麵，台灣的麵攤菜單上經常可見「炸醬麵」、「榨醬麵」、「酢醬麵」等不同寫法，混寫到後來，很多人都搞不清楚到底是炸醬還是榨醬了！

炸醬的奧妙，在香味和鹹味的結合

其實「炸醬麵」才是正確的稱呼，而最道地的炸醬麵應該是在老北京。

北京炸醬的主要材料是麵醬和黃醬，炸醬好不好吃，端看如何把麵醬的甘味提出來，與黃醬中豆子的香味和鹹味做完美的結合。

說起來，在北京，運用甜麵醬的料理很多，譬如吃烤鴨時要蘸甜麵醬，有時吃燒餅或饅頭也會刷上甜麵醬。麵醬這種調味的來源，主要是因為北京是清朝國都，飲食習慣也深受滿州人的傳統影響。滿州人信奉薩滿教，他們祭拜神明的方式和我們的牲禮祭祀很不同，主要是以麵粉塑偶成祭品，祭拜結束之後，宮裡的膳房公公就會利用這些祭祀留下的麵偶，將其打散加酒、拌鹽存缸發酵，做成後來我們熟知的麵醬，也因此，麵醬又名為京醬。

醬在油中炒，油香醬濃

由於麵醬是發酵製品，所以上桌前一定要經過炒製的過程，加上糖稍減鹹味，於是成了大家叫慣的甜麵醬。而炒炸醬時，麵醬及黃豆發酵的黃醬，都有濃濃的醬缸發酵的氣味，而且是乾濃，所以必須要以多量的油慢炒，醬在油中炒，不溶於油，啪滋啪滋的，炸得油香醬濃，才能炸炒出足夠的醬味。所以才說正確的字意，是「炸」醬。

而老北京炸醬麵中，另外一個重要的食材是黃醬。黃醬就是用黃豆做成的豆瓣醬，如果你在台灣的市場上想買黃醬，就是原味尚未炒油的豆瓣醬，可不是一般市售辣紅色的川味辣豆瓣醬。

兩地的美食交流，兩種文化的融合

為了學到道地的炸醬麵做法，阿芳以交換條件，趁北京朋友的媽媽到台灣來時，邀請她至阿芳家中作客，我煮油飯給她吃，然後再跟著她學習做真正的老北京炸醬麵和餡餅，這才發現簡單的炸醬裡面，其實有很多我們以前不知道的訣竅。

譬如說以我們台灣人的習慣，炸醬會用絞肉來炒，但北京朋友是用五花肉切丁來炒，炒出的油脂特別香，被豆醬吸收後，豆醬顏色油亮，香味更豐富，

味道也完全不一樣。從此之後，阿芳做炸醬就用五花肉切丁，若要用絞肉做炸醬，也請肉攤的老闆將絞肉絞成大粗丁，留下肉丁和足夠的油脂，炒出的炸醬可是道地的北京醬肉。

薑味蒜味香味，都是好滋味

還有一個掌握老北京炸醬味道的關鍵，在於辛香料的使用。在台灣，炒菜的時候經常把蔥薑蒜等食材一起下鍋爆香，但是在製作炸醬的時候，要先下能夠在鍋裡耐久炒不焦、而產生香味的薑末，等到炸醬已完成八分時，再下蒜末，熱油炸蒜，香而不焦，這樣辛香料的香味都能逼出來，整個炸醬的味道及香氣才好。

儘管我從北京的朋友那邊學到了正宗的老北京炸醬麵的做法，但也考慮到台灣人的口味，於是做了一定程度的調整和改良。北京的口味偏鹹，所以真正的北京炸醬鹹味很重，因此改用台灣產的甜麵醬和豆瓣醬來做炸醬，更符合台灣人飲食口味較清淡的喜好。

老北京
炸醬麵

材　料	調 味 料
 Ⓐ 五花肉1斤、油1/2杯、無辣豆瓣醬6兩、甜麵醬6兩、薑末3大匙、蒜末3大匙、青蔥花1杯	◉ 白醋
Ⓑ 手工拉麵1斤、小黃瓜絲、川燙豆芽、蔥白、蒜仁適量	

做 法

1

甜麵醬

豆瓣醬

五花肉切小丁塊，豆瓣醬及甜麵醬分別以少許水調成稀糊狀。

2

以油爆香薑末，加入五花肉丁炒至變色，加入豆瓣醬以小火炒出香氣。

3

倒入甜麵醬，改小火翻炒7～8分鐘至醬汁發亮，加入蒜末小炒出香氣，再加入蔥花拌勻即成肉丁炸醬。

4

食用時先備妥黃瓜絲、蔥白、拉麵煮熟，豆
芽以煮麵水先燙熟稱為菜碼，拉麵煮熟撈在
碗中，加上少許煮麵水，配上一碟菜碼、一
小碗炸醬，拌合即可食用，可視個人喜好搭
配白醋、辣渣、蒜仁變化口味。

阿芳老師的手做筆記

● 炸醬要炒得濃一些，就可以保存得久一
點。做好的炸醬用保鮮盒裝好冷藏，煮麵
時加入煮麵水，就可以把醬給拌開了。

● 炸醬麵可以直接在熱水鍋中煮熟加醬拌
開，這種熱吃的方式在北京叫做鍋挑。
但在夏天，也能把出鍋的麵條先用冷
開水過一下，就成了很適合夏天的涼
麵吃法。

四川擔擔麵

材 料

A 絞肉6兩、油1/2杯、冬菜4大匙、
辣豆瓣醬4大匙、醬油2大匙

B 酸菜末1/2斤、炒香白芝麻4大匙、
細麵條、小白菜段、蔥花適量

C 紅辣油適量、蒜泥2大匙、
花椒粉1大匙、醬油、白醋適量

做 法

1 芝麻放在碗
中，以玻璃
瓶壓破口提
香備用。

2 酸菜末洗淨
擰乾，入鍋
炒香盛起。

3 原鍋下油及絞肉炒散，下豆瓣醬及醬油炒香。加入洗淨擰乾的冬菜末，炒香為辣
臊子。

4

每一碗麵的碗中加入1大匙醬油、1小匙白醋、少許蒜泥、花椒粉及1大匙紅辣油,加入1/2杯量煮麵滾水攪成麵底。

5

青菜段先燙熟撈起,麵條下鍋煮熟撈至麵底上,放上青菜,加上1大匙辣臊子、1大匙酸菜末、蔥花及芝麻粒。

阿芳老師的手做筆記

● 擔擔麵是四川小麵的代表,因為重慶為長江與嘉陵江相匯之處,水運發達,在碼頭旁總有許多可供來往之人果腹的食物,小販挑著擔,賣上一碗現煮的麵,和台南古都因市商繁榮而生的擔仔麵是一樣道理。只是四川人嗜吃紅辣椒麻,另有一番滋味。四川擔擔麵靠的是那厚重的麵底,吃上辣油香,麵條用小條的壓麵,才能拌出口味夠、油香足的川味感。

酸辣刀切麵

材 料	調 味 料
Ⓐ 中筋粉心粉3杯、鹽1小匙、水1又1/4杯、油1/2小匙	Ⓞ 魚露少許、白醋適量
Ⓑ 水1鍋、紅辣油、辣渣適量、花椒粉少許	
Ⓒ 肉燥或辣臊子1碗、辣炒豇豆1碗、香菜末1把	

做 法

1　A料麵粉放在盆中，鹽加水調勻，倒入麵粉中，以筷子攪至不見水份，再以手揉成三光麵糰，表面拍少許油，放入塑膠袋內靜置鬆弛30分鐘。

2　每一個麵碗中放入2小匙魚露、1大匙紅油辣渣、1大匙白醋、1/4小匙花椒粉為底料。

3

水燒開，加1.5杯水調底料，調成湯。

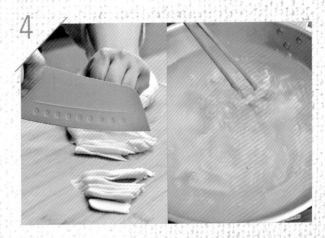

4

麵糰再按緊、按扁，以菜刀切薄片狀，略相連不需拉開，直接下沸水鍋煮，以筷子撥動即可撥散，煮至浮起即可撈入湯底中。（此份麵糰可切出4～5人份）

5

麵上加上2大匙辣炒豇豆、1大匙肉燥；再加上1/2杯量的煮麵水，撒上香菜末即成。

阿芳老師的手做筆記

● 這個酸辣湯底的調法，是重慶酸辣粉的湯底調法，如果加入的不是麵條，改成冬粉，就是近年在大學學區附近流行的重慶酸辣粉。

● 麵食的變化十分多變，刀削麵是很有表現效果的，只是在家很難一次做那麼大的麵糰，喜歡麵食的阿芳，曾到太原見學麵食，還跑到當地菜市場挖寶，買到山西人在家方便削麵的削麵器，好玩的是這種削麵器竟然還有分左手用和右手用的。有次，阿芳把這削麵刀的照片放上網，讓大家猜猜這是什麼？開瓶器、削皮器、去腳皮器，各種答案都有，還有人說是K人的工具，看得我笑哈哈，完全體現了異地不同俗的樂趣。

● 一般台灣家庭可能沒有這項工具，也可以改用菜刀切，雖然切時會覺得麵條都連在一起，但只要一下鍋，筷子撥一撥，就會散開了。

地三鮮揪片

	材　料	調　味　料
A	中（高）筋粉心麵粉3杯、鹽1小匙、冷水約1又1/4杯	醬油4大匙、鹽適量
B	洋蔥1/2個、馬鈴薯2個、劍筍1把、剝皮辣椒2根、八角1粒、水2杯	
C	蛋適量、蔥花適量	

做 法

1 A料麵粉加鹽水先攪勻，再揉成糰，放在抹油袋子包好，放置1小時醒麵。

2

洋蔥切丁、馬鈴薯切丁、劍筍
切段、辣椒切段。

3

起鍋熱油先炸好需要的雞蛋盛出，此為攤雞蛋，原鍋下洋蔥丁爆
香，加入馬鈴薯丁翻炒吃油，加入劍筍翻炒，即可加入醬油炒香，
放入八角及水，所有東西加入加蓋燜煮10分鐘，開鍋加入剝皮辣椒
炒勻即為燜滷地三鮮。

4

燒一鍋水，麵糰拉成薄膜狀，揪下成片下鍋，入沸水煮至浮起撈
出，可選擇湯食或乾拌。

5

在湯碗內放入蔥花、鹽、煮麵水、加入揪片，
放上攤雞蛋，淋上大杓的地三鮮即成。

阿芳老師的手做筆記

- 山西位處黃河流域的黃土
  高原上，揪片是山西的農
  家平民美食，像揪人耳朵
  一樣了拉出麵片，煮熟再
  搭配農地耕種的作物煮出
  的地三鮮，是很好吃的手
  工麵食。

- 拉揪片是拉麵的一種方
  法，在麵糰揉好鬆弛後，
  不再回揉，而是烹煮時
  藉由手掌工夫，用手指拉
  撐麵糰的麵筋，撕成一片
  片下鍋，就可以煮出薄而
  滑、滑而筋Q的麵片。

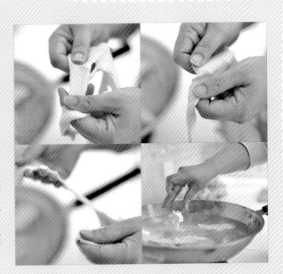

你也可以這樣做

- 揪片煮好就是白麵片，可以搭配不同的澆滷，做出不同口味的揪片。

家常肉燥揪片做法：
麵糰拉成揪片煮熟，搭配肉燥、青菜、滷蛋，並直接以煮麵水做湯，即成。

山西沾片子

材　料	調　味　料
A 菠菜、小白菜各1小把、中筋麵粉2～3杯、冷水適量	**◎** 鹽、白胡椒粉適量
B 紅番茄2個、煮熟黃豆1/2杯、蛋2個、水2杯、太白粉水適量	
C 辣渣、香菜末、青辣椒末隨意	

做法

1　菠菜、小白菜切小段末，加入中筋麵粉，以筷子翻勻，慢慢澆入冷水翻拌至麵粉微濕，靜置10分鐘。

2　香菜末及青辣椒末切好拌勻備用，番茄切丁備用。

3

蛋打散下鍋炒成碎蛋先盛起，原鍋下番茄炒出香氣，加入水及黃豆
一起煮沸，以鹽、胡椒調味，再以太白粉水勾芡，即成麵滷。

4

在小碗放上香菜末、
辣椒末，加上麵滷，
並視個人喜好加上辣
渣即為醬滷。

5

以叉子將蔬菜麵糊撥成小塊疙瘩狀，入水鍋
煮至浮起，撈出盛碗，沾上醬滷食用。

阿芳老師的手做筆記

● 這個在台灣沒見過的麵食沾片子，是阿芳到山西見學麵食時所見到最特
  別的家常麵食，除了做法獨特外，在麵食嚼勁中帶有蔬菜的香氣及清脆口
  感，再搭配酸辣的番茄滷汁沾食，十分道地。

● 沾片子要好吃，製作的重點在於水不能多加，麵粉才能成為麵糊附在菜末
  上，煮熟的沾片子才有彈勁。

涼麵

材料

A 關廟麵6片、沙拉油1大匙、
小黃瓜2條、蛋2只

B 蒜仁4粒、炒香白芝麻4～5大匙、
香油2大匙、醬油4大匙、白醋4大匙、
細砂糖2大匙、冷開水1杯

C 紅辣油、辣渣隨意

做 法

1

小黃瓜切絲入冰箱冰涼，蛋打散煎成2張蛋皮切絲；關廟麵入沸水鍋煮8分鐘（中間點2次冷水），撈起攤在盤上，倒入沙拉油拌勻，吹散熱氣成冷麵。

2

B項材料全部投入調理機打勻成芝麻涼麵醬。

3

食用時取麵條盛盤，
放上瓜絲及蛋皮絲，
淋上適量醬汁，並視
個人喜好加上辣油、
辣渣提味。

阿芳老師的手做筆記

● 阿芳自己煮涼麵時選用關廟麵，一來覺得油麵吃完很容易又餓了，二來是
基於衛生方便考量，因為通常涼麵是在夏天吃，天熱食物容易壞，而關廟
麵是曬乾的壓麵，經過曝曬且水分收得很乾，耐煮不糊，又相對安全。醬
料部分，只要有調理機，把所有用料丟進去打一打就可以。

手擀皮水餃

材　料	調 味 料
Ⓐ 中筋粉心麵粉5杯、 　鹽1/2小匙、水約1又3/4杯量	◉ 魚露2大匙、 　香油2大匙、 　白胡椒粉 　1/4小匙
Ⓑ 絞肉1斤、薑泥1大匙、 　高麗菜或韭菜1斤、 　青蔥2～3根、蝦仁2兩 　（不放亦可）	
Ⓒ 手粉1杯、搓油塑膠袋1只	

做 法

1

鹽加水調化，倒入麵粉中，
以筷子攪至不見水份略乾的
粉穗子。

2

手抓揉成糰，吸不進的乾粉，倒
在桌板上，以手勁揉成較硬實的
粉糰，即可以搓油塑膠袋包好靜
置30分鐘鬆弛。

3

絞肉加上調味料及蝦仁，同向攪打成黏質的肉餡，入冰箱略冰。

4

青蔥及蔬菜洗淨晾乾，切成細末。

5

蔬菜料及青蔥末拌入肉餡中，成餃子餡。

6

麵糰切下部分，搓成大姆哥粗細的條狀，再用手摘下小劑子狀，每個約10公克（整份麵糰約可做100～110個）。

7

平盤上鋪上一層麵粉。

8

小麵劑子滾上多量手粉,擀成餃子皮,包上餡料,捏合成肚肥邊薄
的餃子排在盤上。

9

可放入冷凍冰至9分硬,即可滾上盤底麵粉,
包好即可成為冷凍水餃。

10

未凍水餃入沸水煮至浮
起改中火煮1～2分鐘
即熟;冷凍餃子則需在
水沸浮起後多點一次冷
水;再煮滾即熟。

阿芳老師的手做筆記

- 自己包餃子常常會遇到的挫折就是，餃子在鍋裡隨著滾水上上下下，看起來又肥又大，但撈起鍋之後就縮下去。關鍵在於包的手法。餃子起鍋會洩氣，是因為皮裡的空氣遇熱膨脹，將餃子皮撐大，離鍋後就冷縮，也就呈現空皮不滿餡的狀態。所以阿芳包餃子非常講究推餡捏合的動作，最好由下往上，邊推邊捏，把餃子裡多餘的空氣擠出來，而餃子的大小，不宜過大，像嘴巴大小，除了餃子煮得漂亮，讓吃的人吃相也漂亮。

- 通常阿芳煮水餃是不蓋鍋蓋的，慢慢煮，邊煮邊以漏勺翻動餃子，煮到水滾，再多煮一下，這是阿芳在吃餃子比吃飯多的北京所學到的方法。如果是從冷凍庫拿出來的水餃，建議餃子煮到浮起水沸騰時，多加1杯水，讓水溫立刻降低，不要一直煮外皮，多煮一下，才能將內餡煮透而外皮不糊。

- 網路上流傳一種說法，冷凍水餃要用冷水煮，但這種做法只適合用在機器製作的冷凍水餃，因為機器製水餃皮用的麵粉有加澱粉，比較不會糊掉，如果是手揉的純麵粉餃皮，就容易形成糊鍋的現象了。

- 在書中看到的餃子盒，是市場中賣現包水餃的包裝盒，可以在賣免洗餐具的店裡買到，價格很便宜，又可洗淨回收再用，加上有分隔的效果，可以省去需要在平盤上灑上麵粉防沾，是又方便效果又好的輔助器具，所以這兩年阿芳都改用這樣的方法。只是阿芳講究的元寶樣，遇到了這扁形的隔層，就不太能平放，所以阿芳讓餃子轉了向，還左搖右晃，放出了自創的姿態，一眼看，飽餡的餃子很是誘人。

- 包好的餃子，如果是用這樣的盒子裝，即使蓋上，在餃子凍硬後，也要用袋子包上一層，才不會因為放入冰箱存放，而讓餃子的水份從盒縫給吸走了。如果是放在麵粉盤上的餃子，放入冰箱冰凍時，千萬不要等到餃子冰到全硬，才要收存，因為這樣同樣會被吸走水份，最好是在餃子冰至不會變形的九分硬時，即可與底下所鋪的乾麵粉拌勻，以乾淨的袋子包裝好，再放入冷凍，這樣的餃子不容易乾皮裂口。

雞湯餛飩

材　料	調味料
A 絞肉1/2斤、 餛飩皮6兩、 青蔥1根、 薑1小段、 水1/2杯	**A** 魚露1又1/2大匙、 鹽或醬油少許、 香油2小匙、 白胡椒粉1/4小匙
B 雞高湯1鍋、 青菜1把	**B** 魚露2大匙、 鹽適量

做　法

1

青蔥切段、捏碎，薑拍破加水泡成蔥薑水。

2

絞肉以菜刀剁出黏性，加上調味料A同向攪出黏性，加入水再同向攪至水被吸收。

3

肉餡塗抹在餛飩皮上，對折，由底部翻上一小段，兩頭再對合，即可包出平口肥肚元寶餛飩，依序排好。

4

包好餛飩可現煮，可冷凍保存。雞高湯煮滾，餛飩可另鍋沸水煮熟或直接下入雞高湯中煮熟，以調味料B調味，熄火前加入青菜即可。

阿芳老師的手做筆記

● 餛飩的包法很多種，典型閩南包法是燕子型，一邊是燕嘴，一邊是燕尾。江浙的包法則是平口元寶型。而溫州餛飩則是隨手一捏，像顆繡球一樣。如果你是即包即食，就可以嘗試各種包法。如果是要冷凍，就避免餛飩的裙傘外露，也就是外邊的皮要收一點，因為冷凍後麵皮會變硬，很容易撞碎。

簡易
台南碗粿

材　料	醬　汁
A 粗絞肉6兩、香菇8朵、油蔥酥4大匙、醬油1/3杯、水1杯、豬油2大匙	◎ 醬油3大匙、糖2大匙、鹽1/4小匙、太白粉3大匙、水2杯
B 在來米粉1又1/2杯、玉米粉5大匙、水4杯	
C 水煮蛋2個、山葵醬適量	

做 法

1

以油爆香香菇、炒散絞肉，加入醬油、油蔥酥煮滾，再加水一起煮開，改小火煮10分鐘。

2

水煮蛋一個均切為8短瓣；B料調勻成粉水。

3

夾出香菇、盛出一半肉燥，將粉水加入炒成糊狀，即可熄火。

4

將粿糊填至7～8分滿，放上1匙肉燥末，填入1朵香菇、兩瓣蛋片，即可移入蒸鍋蒸約25分鐘。

5

剩餘肉燥加上醬汁材料在小鍋中調勻，開火攪煮至沸騰熄火為醬汁。蒸熟碗粿取出吹涼回溫，即可淋上醬汁，並視個人喜好添加山葵醬增味。

阿芳老師的手做筆記

● 為了重現碗粿的風味，我試過各種做法，最後採用調粉糊化的效果，失敗率極低。有的人只是把水和粉調一調就拿去蒸，蒸好之後往往會發現底硬而上軟，先糊化後再蒸就沒有這個問題。

碗粿好故事
懷念家鄉味，碗粿大學問

　　異地遊子最想念的，常常是家鄉菜市場裡某個攤位賣的小點，或者是媽媽手做的私房料理。而我對台南家鄉的懷念，就是這碗粿，因為除了自己製作，始終就只有回到台南才能吃到這個軟Q的口感及獨特的肉燥香。

　　記得有一段時間，家裡附近的黃昏市場也有標榜是台南麻豆碗粿的攤子，看起來很不錯，是用瓷碗蒸製的，可是要買回家食用，店家就把碗粿給挖出，裝在便當盒中，還把它翻個面，這樣就變成了屁股在上，有料的面壓在下方，碗粿的線條變成哭喪狀。而在台南，碗粿除了講究好吃，一定要用陶瓷的寬面碗來蒸，面上的料一看就很澎湃，打包外帶時，店家會用根竹籤在碗邊繞上一圈，保持粿面向上，就是一個笑口常開的笑面。這就是台南美食的細微之處。

軟中帶Q的碗粿，米味肉味兼具

　　碗粿這道小吃的風格有南有北，北部的客家碗粿是潔白的粿身，撒上炒香的菜脯和豆干；而我從小吃的台南碗粿，是醬色的粿身，上面鋪滿肉燥末，講究的店家，還會鋪上一片豬肝，兩條劍蝦仁，再淋上好吃的油膏。肉燥香配上米食香，軟中帶Q的口感，讓人想到就流口水。

　　特別的是，台南碗粿還會用山葵醬提辣，那種微辣小嗆，跟古早味還真對味。而碗粿最好吃的狀態，並不是熱騰騰剛出爐的時候，而是半溫不熱的階段，才顯現得出軟中帶Q的口感。

　　真正厲害的碗粿，除了選用在來米製作，對米種也是非常講究，一定要是隔年的舊米，少則隔一兩年，多則三年。因為壓倉老米水氣含量低，磨出來的米漿做粿，除了香氣足，也有很好的辭水性。台南店家也會以米磨漿，再用鼓風快速爐，加上有壓力的蒸鍋，很快將碗粿蒸熟，因為火力大，生漿蒸出的碗粿會形成中心塌陷的狀態，因此台南碗粿有一句俚語叫做「阿婆炊粿——倒塌」，但是軟軟的粿，放涼後就會辭水，在齟嚼的過程中就能感受碗粿的Q感彈性。

絲瓜米苔目

材　料	調 味 料
Ⓐ 放涼的濃稀飯2碗、滾水1杯、太白粉1杯、日本太白粉1/2杯	**◉** 魚露2大匙、鹽適量、白胡椒粉1/4小匙
Ⓑ 青蔥2根、蝦米2大匙、絲瓜1條	
Ⓒ 水1鍋、油少許、粗洞刨絲搓板1個	

做 法

1

濃稀飯倒到大盆中，攪成濃稠狀米糊。

2

加上太白粉及日本太白粉，拌成稠糊狀。

3

水鍋燒開，加入1小匙油，架上搓板，改小火。

4

5

在搓板上抓著米糊搓出條狀，入水鍋中，再次大火煮至浮起，先撈出，湯水留用。

青蔥切段、蝦米泡軟、絲瓜切片。

6

炒鍋爆香蝦米、蔥花，下絲瓜拌炒幾下，倒入5～6杯煮米苔目的熱水，加蓋燜30分鐘，加入米苔目，以調味料調味即成。

阿芳老師的手做筆記

● 沒吃完的米苔目可以包好冷藏，冰涼變硬的米苔目就不建議煮了，而是以三鮮炒麵的方式回鍋熱炒，就可以回軟，水份不要過多才不會過於糊爛。

● 傳統的銅片菜銼比起現在的不鏽鋼刨絲器要鋒利得多，但因為抓著米糊，所以只能用推的手法，只要小心一些，就可以安全完成這個點心了。

媽媽的生活智慧
惜福美味的小米條

很多民生小吃的形成，原初都只是一種生活作息與食物所擦出的火花，也是來自生活的智慧。米苔目就是一個很經典的代表。

以前大家庭式的農耕生活，家裡勞動人口眾多，常常要煮上一大鍋的飯，飯煮得多，難免會有剩下來的，這時候最簡單的處理方法，就是隔天煮粥，稀哩呼嚕下肚，配些醬菜，快快吃飽，就可以上工。但若稀飯沒吃完，在沒有冰箱的年代，熱燙的剩餘稀飯，當然就直接放在桌上，用個網罩罩起來，通常放到中午的稀飯就會變得又濃又稠，米粒也完全糊化，再煮過也難吃了。

這時候，節儉又惜物的媽媽們就想到一個好辦法：將番薯粉加入稀飯，攪拌攪拌後，就成了濃稠、半米半粉的粉糰，灶爐上的大鍋燒開一鍋水，架上菜銼，抓著米糰，就可以刨出米條，落入熱水中一煮，浮上來成了一條條Q彈的小米條，稱為米苔目。加上庭院裡摘來的絲瓜爆香，炒一炒，就成了超級好吃的絲瓜米苔目，煮不完的米苔目放涼後，也可帶到工作的農園，加個糖水，就是清爽又頂飽的下午點心。

吃甜吃鹹都美味

這樣的生活智慧，把食物的價值放到最大，也是一種惜福的表現。演變至今，一般家庭不要說做這樣的點心了，可能也無從體會它與生活智慧的巧妙之處。

在家裡刨米苔目，唯一比較難準備的，是需要一個可以橫跨在鍋面上的木製刨刀（塑膠製不宜，遇熱容易變軟，無法支撐削刨的動作）。通常刨刀中間那個鐵片是銅製的，米糊透過刨孔順勢而下，有趣極了。

或許是飲食運動的興盛，現在市面上已有不少地方可以找到這些比較傳統的料理工具。自己家中做的米苔目，可以有很濃的米香味，Q勁毫不遜色。可以吃乾拌的，可以炒絲瓜湯，還有可以加些糖漿、冰開水吃甜的，那可是夏日很棒的點心，對孩子的吸引力更大。

飽滿肉圓，皮Q肉香

南北口味各異，
滋味各有風貌

　　肉圓是道地的閩南小吃，儘管如此，來到台灣也隨著地域特色而演變，有了南北之分。

　　中北部的肉圓最大的特色，就是把肉圓先做好，經過回涼辭水，等到要食用時，再以一鍋熱豬油將肉圓泡到柔軟Q彈。因為採泡油的製法，所以外皮是以水氣少的澱粉為重，而為了怕肉餡的湯汁滲出引起油爆，所以外皮較為厚實。如果做好的肉圓有破洞，要用預留的少許米糊把洞給補上，再入油鍋。

　　這樣的肉圓是採熱油泡透而不是炸熱，而之所以用豬油，是因為豬油才能使肉圓保持軟嫩，如果用了沙拉油，耐溫性較

低，稍微一熱，就會把肉圓外皮的水分給帶走，形成了脆殼現象，那就不好吃了。

　　另外，由於中部盛產竹子筍，因此肉圓的內餡除了肉，還會加上清爽脆口的筍丁。而新竹肉圓的個頭除了比較小一些，裡面肉餡還會打上紅糟，加入一顆板栗，增加肉圓的口味。

台南人對吃可都不馬虎

　　到了南部，天氣較為炎熱，所以肉圓就改變風貌，以清爽的清蒸手法製作。蒸好熱騰騰時，即可入口。因應這樣的肉圓製法，肉圓外皮的特質就以米的質感為重，澱粉只是用來調整彈性，也因此南部肉圓的個頭小了許多，通常一份就會有2～3個。

　　南部肉圓的外皮有不同的調配比例，內餡也會有所變化，好比說屏東是產豬

重鎮，因此屏東肉圓的內餡，就是很飽滿又滑嫩的大肉丁，吃完還附贈一碗免費的豬骨清湯，加上少許芹菜末，對味極了。

至於到了阿芳的故鄉台南，除了幾家賣屏東肉圓的名店外，最有特色的，就是那又軟又綿又趴，口感又滑又細的蝦仁肉圓。清蒸蝦仁肉圓外皮滑軟，內餡的肉末也較細，特別的是因為加入了蝦仁，還一定要是海捕的火燒蝦所剝的蝦仁，讓整個肉圓的鮮度大大提高。蝦仁配肉餡，是最典型的山珍海味的表現，連這樣一個簡單的小吃，台南人都是不馬虎的。

南部口味轉變成台北人的胃

人的口味真的會因為居住的環境而改變。以阿芳為例，我生長在台南，自小吃慣了清蒸肉圓，每每一段時間回娘家探親，就會利用下午時間，跑到從兒時吃到大的肉圓攤子，吃上一盤肉圓，解解嘴饞。記憶中，台南的國華街有一家賣北部油泡肉圓的老店，但是阿芳不曾光顧過，因為自小父母親就跟我們說，那種肉圓皮好厚，怎麼吃都還是台南的肉圓好吃。

阿芳嫁至北部後，清蒸肉圓在北部地區沒那麼普及，能吃到的通常就是大大一個飛碟肉圓。某次有機會，在鶯歌吃到了彰鶯肉圓，雖然是在鶯歌，卻是很道地、皮很厚的彰化肉圓。你問我好吃嗎？當然了，真好吃，好吃極了。

由此可見，阿芳的飲食喜好已經由南部口味，慢慢轉變成台北人的胃了！

材 料	調 味 料
Ⓐ 在來米粉1杯、水3杯、太白粉2杯	⭘ 蛋1個、醬油5大匙、蒜泥1小匙、糖1大匙、五香粉1/4小匙、胡椒粉1/4小匙、太白粉1大匙
Ⓑ 胛心肉丁12兩、熟筍丁1又1/2杯	
Ⓒ 蒜泥1小匙、豬油2大匙、海山醬、香菜末適量	

做 法

1　A料在來米粉加水調勻，煮至鍋邊起泡，即可離火攪成稠糊狀，放涼。

肉丁加上調味料攪出黏性，入冰箱略冰涼。

3　將太白粉加入放涼米糊拌成粉糊。

4

小碟刷上一層油，抹上一層粉漿，鋪上一撮
筍丁，再放上飽滿肉餡，抹上粉漿蓋密。

5

移入蒸鍋蒸15分鐘，開
鍋刷上一層豬油，取出
放涼即可剗下肉圓。

6

食用時，可以回蒸或以熱豬油泡軟，淋
上海山醬、少許蒜泥及香菜末即成。

阿芳老師的手做筆記

● 一般炸肉圓要回熱，必須用豬油泡熟，如果用沙拉油炸，很容易變脆殼。所
以阿芳的小訣竅是，在塑膠袋裡抹上豬油，把袋子搓一搓，讓豬油平均抹在
袋子上，再把放涼的肉圓放進去包起來，等下次要吃再拿去回蒸，就有泡豬
油的效果。

● 市售的肉圓，有的看起來是全透光狀，表示不含米的成分，完全是用粉和水
去調合製作。

清蒸肉圓

材 料	醬 汁
A 內餡材料： 粗腿肉丁12兩、 蒜泥1/4小匙、 水2～3大匙	**A** 醃料： 醬油3大匙、糖2小匙、 太白粉1大匙、五香粉1/4小匙、 胡椒粉1/4小匙、
B 外皮： 放涼稀飯2碗、 在來米粉1杯、 太白粉1/2-1杯、 香菜末少許	**B** 醬汁： 醬油3大匙、二砂糖3大匙、 太白粉2大匙、水2杯
	C 味噌醬： 味噌1大匙、醬油2大匙、 香油1大匙

做 法

1

取一容器，放入腿肉丁、蒜泥、水、醬油、糖、五香粉、胡椒粉，攪拌至呈現黏稠後加入太白粉拌勻，放入冰箱中冷藏成為餡料備用。

2

取一容器，放入涼稀飯先攪散，加入在來米粉、太白粉杯，攪拌成粉糊。

3

取一冰淇淋杓，依序填入粉糊、內餡，再填上粉糊，扣在鋪有防沾紙的蒸盤上。

4

移到沸騰的蒸鍋上，以中火蒸15分鐘。

5

起鍋。醬油、二砂糖、太白粉、水煮至沸騰後熄火放涼成為醬汁備用。

6

另取一容器，放入味噌、醬油、香油，調勻成為味噌醬汁備用。

阿芳老師的手做筆記

● 在南部，清蒸肉圓的外皮有各種軟度，就靠添加在米糊中的在來米粉及太白粉來調整，可以依個人喜好的軟Q度增減；加少較細軟，加多較彈Q。第一次製作時可以調少，取少許粉漿投入熱水中，煮至浮起撈出，試一下口感，喜歡更Q就再加些許太白粉。

7

在蒸熟的肉圓表面刷上一層油水，以飯匙取出後盛入碗中，淋上醬汁、味噌醬，撒上香菜末即可。

糯米大腸

材料

豬大腸1付、圓糯米2斤、熟花生1斤（滷水花生，做法請見《阿芳老師手做美食全紀錄卷三》第212頁）、豬油蔥4～5大匙、棉繩段少許、鹽1把、麵粉1/2杯

調味料

鹽2小匙、白胡椒粉1小匙

沾 醬

醬油膏適量、辣椒醬隨意

做 法

1

豬大腸，先摘去部分厚實油塊，以鹽乾抓，再拌上麵粉抓出黏糊，再以清水洗淨。

2

檢查破口並將大腸剪成半手臂的長度。

3

圓糯米洗淨以清水浸泡1小時瀝乾，加上調味料及豬油蔥、花生拌勻。

4

取大腸以手撐開口，填入花生糯米料，不需硬推至滿口，以棉繩綁雙對結將腸頭繫牢，反轉另一頭，再填入米料至7～8滿，即可將另一頭亦綁雙對結，全部依此方法灌妥。

5

在冷水鍋中將大腸
泡入整勻,即可開
火,並在水尚微溫
時,以細針在大腸
上刺洞排氣。

6

煮至沸騰,檢視大腸皆排出氣體,即可加蓋改中火續煮30分,熄火多
泡20～30分,再撈出瀝乾放至微溫。

7

食用時切片,搭配沾醬食用。

阿芳老師的手做筆記

● 灌大腸之前,整理清潔大腸是最重要的,除了清洗的手法外,將大腸剪成半
　截手臂的長短,是阿芳這些年來,因應現代家庭鍋具不大而調整的方法,除
　了可使從兩頭灌米的過程更快更容易,也大大減低了烹煮時爆腸的機率。

● 比起人造腸衣所填灌的糯米腸,自製糯米腸在香氣、口感及油脂的豐潤度,
　都高出許多,趣味性和CP值也是很高的。

芋頭鹹飯

材　料	調 味 料
芋頭1個、 白米4杯、 香菇4～5朵、 蝦米3大匙、 鴻喜菇1盒、 油蔥酥2大匙、 香菜末1小把	鹽、 醬油、 白胡椒粉

做 法

1

白米洗淨以4又1/2杯水
浸泡30分鐘以上。

香菇泡軟切絲、蝦米泡
軟；芋頭切小方丁，加
鹽、白胡椒粉拌勻。

2

3

4

先在炒鍋爆香蝦米、
香菇，下醬油炒香後
先熄火盛起。

將米、水倒入電鍋推平，依序放上摘小串的鴻喜菇、芋
頭丁，再撒上爆香料，即可移至電鍋，以一般煮飯方式
煮熟略燜。

5

開鍋加入鹽、胡椒粉鬆飯拌勻,盛碗後撒上香菜末即可。

阿芳老師的手做筆記

● 鹹飯是一種很方便的料理,還可隨著季節替換食材,夏天可以加入竹筍做成竹筍飯、菜豆飯,秋天是芋頭飯,到了冬天可以煮高麗菜飯、芥菜飯,都是這樣的概念,用電鍋一鍋搞定。

● 鹹飯的香氣來自傳統以蝦米香菇爆香的效果,所以做這道料理時,爆香要確實,加上醬油提香,可以讓香菇蝦米的香味回滲米飯。

● 用來烹煮鹹飯的材料,各有不同的特性,例如芋頭香鬆會讓米飯變得稍乾,所以就多加一點水份,芋頭雖香但容易堵胃,所以先加少許鹽、胡椒粉拌味;而竹筍如果怕澀口,可以切薄一些,或是使用煮熟的涼筍都可以;至於高麗菜蓬鬆水份多,可以多放一些,但米的水量要酌減;至於芥菜比較澀口,爆香料的油脂就不能太少。

● 電鍋鹹飯的烹煮方法,就是米要泡水,才不會因為爆香料的油脂讓米粒夾生,而加入的主要食材及爆香料,最好都放在米水上。電鍋內,米水煮成熟飯,菜料在水面上蒸熟,煮好再拌勻,這樣米飯好吃且水份均勻,菜料的原味才能保留。

● 沒吃完的鹹飯,下一餐要吃時,可以先煮開一些水,再把鹹飯放進去,就變成好吃的鹹粥了。

材　料	調　味　料

A 蓬長糯米1斤（4量米杯）

B 豬油3大匙、肉絲4兩、
香菇4～5朵、薑末1大匙、
蝦米2大匙、水1/2杯

C 香菜末適量

醬油3大匙、
鹽1/4小匙、
豬油蔥2大匙、
白胡椒粉1/4小匙

做　法

1

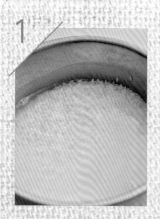

長糯米洗淨，以清水
浸泡40分鐘，香菇泡
軟切絲、蝦米泡軟。

2

糯米瀝乾，倒入蒸
鍋，在米上留出氣
孔蒸15分鐘，開鍋
略翻，不足水量可
略撒熱水翻勻，即
可熄火略燜3分鐘。

3

以豬油冷油爆香蝦米至蝦
米跳鍋，下薑末炒香、下
香菇炒香、下肉絲炒散，
加入醬油炒香，即可加入
水改小火煮開。

4

取出糯米飯，倒入料汁中，撒上鹽及白胡椒及豬油蔥，與糯米飯拌勻即成。

5

食用時可加上香菜末。

紅蛋的做法：

在彌月禮的油飯盒中，總能見到那兩顆喜氣的紅蛋。現在的紅蛋多半都是使用色素染色，所以也只能感受到紅色的喜氣，想吃的意願因為染色而大大減低。傳統是用紅麴來煮蛋，蛋是珍貴的營養品，再加上紅麴，就成了坐月子期間一種很補養的月子料理。

材 料

🔴 雞蛋適量、紅麴米1大匙、水適量

阿芳老師的手做筆記

● 如果不用蒸糯米的方式蒸熟糯米，也可以參考本書第24頁的電鍋糯米飯，搭配香菇蝦米料，炒成方便油飯。
● 雞蛋的蛋殼薄，煮紅蛋的火力度不宜過大，才不會產生爆蛋的狀況。

做 法

1

紅麴米先加1/2杯水泡20分鐘，以調理機打成紅麴水。

2

雞蛋洗淨放入炒鍋中，加水至淹平，加入紅麴水。

3

開中火煮至沸騰，再多煮6～7分鐘，即可熄火撈出。

鮮肉湯圓

材　料	調味料
A 絞肉半斤、醬油3大匙、糖1小匙、豬油蔥2大匙	**◎** 魚露適量、白胡椒粉適量
B 糯米粉1/2斤、水適量、太白粉適量	
C 高湯適量、茼蒿、芹菜末適量	

做　法

1 先取少許絞肉入鍋炒散，加入醬油炒香，加入豬油蔥熄火炒勻放涼。

2 炒好肉餡加上剩餘絞肉攪出黏性，入冰箱略冰。

3

糯米粉先以1/3杯水揉出一糰塊壓扁，入沸水煮熟。

4

煮熟米糰放入剩餘糯米粉中，添加適量冷水揉成不黏手糰塊。

5

取小塊粉糰，先搓圓，在按壓出窩狀，包入內餡再搓圓，外表可沾上少許太白粉防沾。

6

食用時入高湯中煮熟，以魚露調味，添加茼萵、芹菜末、白胡椒粉即成。

阿芳老師的手做筆記

● 包好的湯圓，不立刻煮完，可以用手工餃子的冷凍方法冷凍，才不會乾皮破裂。

● 冷凍的湯圓，取出烹煮時，待水沸之後，也和冷凍餃子一樣，要多點一次水，多煮一會兒，才能夠將內餡煮熟而外皮不爆。

材　料	調味料
◉ 絞肉3大匙、 　水8～10杯、 　白飯4碗、 　雪裡紅末1碗、 　鯛魚片1片、 　自製老蔥油2大匙 　（做法請參考本書第42頁）	◉ 魚露2大匙、 　鹽少許、 　白胡椒粉少許

做 法

1

水燒熱，加入絞肉攪散，繼續煮
至沸騰湯汁由白濁至清澈，即為
速成清高湯（絞肉不必撈除）。

2

雪裡紅切末、鯛魚切片。

3

高湯煮開，加入雪菜及白飯煮開，投入魚
片，以調味料調味，熄火前加入老蔥油，
一煮滾即熄火盛碗。

阿芳老師的手做筆記

● 這是江浙風味的湯頭煮法，除了用於煮粥品，也可用來烹煮米苔目和麵
　條，改用什麼料都可以，最重要就是那起鍋前的蔥油香。

媽媽的甜品屋

每個人應該都有這樣的經驗：飽餐一頓之後，總要來份甜點才覺得有個完美的ending；夏日午後，喝上一口冰鎮的綠豆湯，頓時整個人神清氣爽；蕭瑟的冬至日，一碗熱騰騰的紅豆湯圓讓人幸福滿點。

近年來各種新興甜品不斷進軍台灣市場，選擇琳瑯滿目，價格也不一定親民，但吃來吃去，最屹立不搖的，還是那些傳統的滋味，這些甜品，除了美味外，更重要的是，存在著許多的生活智慧。

　　例如，不起眼的地瓜粉，在過去農村家庭中，經由媽媽的巧手就變出了消暑的粉粿，做成丁狀是粉角，圓的就是粉圓；可惜現在吃到的粉圓，口感已不如當年自然了。當然，怎能忘了那順溜好吃的粉條呢！一粉多風貌，這就生活飲食的樂趣與智慧。這些甜品中的經典款，總是歷久彌新，所以阿芳就帶大家一起回味這些懷舊的滋味。

「粉末」登場，滋味美妙
阿芳教你認識粉類的質地和功用

製作各式糕點或甜品時，「粉」是必要材料。常有人問我，太白粉、地瓜粉或日本太白粉到底有什麼不同？其實它們都是澱粉的一種，只是製粉的原始材料不一樣，所以也有不一樣的特性，而藉由不同澱粉的狀態與質地，便可以運用在各式料理上，或製成不同的點心。

生活的智慧，惜福地瓜磨

先說大家最熟悉的地瓜粉。聽名字就知道是地瓜磨成粉。早期台灣是農業社會，地瓜好種好長，家家戶戶的田裡都可以看到地瓜的蹤影。但地瓜最大的缺點，是容易受潮，收成後不能放久，稍不注意就長莖、發芽，所以除了當成主食，為了怕浪費，便刨成地瓜籤曬乾，加入米飯裡煮熟吃，還有人把多餘的地瓜磨成漿，利用太陽的光熱將水份曬乾，留下一顆顆粉粒狀的地瓜粉。

地瓜粉的用處很多，除了做菜裏粉油炸，調水勾芡濃稠不易還水，稍加變化還能做成各種食物，尤其在以前沒有零食可吃的年代，利用地瓜粉做粉粿、粉條、肉圓等，是常見的庶民點心。

外來樹薯太白粉取代了本土地瓜粉

什麼是太白粉呢？太白粉的原料是樹薯，也稱木薯。台灣產的樹薯不高，而東南亞的泰國、馬來西亞則是全世界最大的樹薯產區。樹薯生吃有毒，但煮熟或去漿製成澱粉後，就沒有安全的疑慮，所以南洋小吃中常見樹薯的蹤影，而將樹薯加工製成澱粉，就成了我們熟

悉的細粉末狀的太白粉。它一樣會產生Q彈的口感，好比西谷米原始材料就是樹薯澱粉，只不過使用太白粉做羹湯勾芡，煮好時是稠狀，但多舀幾下後，因為樹薯澱粉的支鏈澱粉的結構較弱而還水，可能就化成了湯水狀。

近年來台灣因為農業轉型，地瓜已經不是主要農作，傳統的地瓜粉愈來愈少，也愈來愈貴，進口的太白粉價格便宜，很快成為主流，甚至因為國人習慣使用顆粒狀的地瓜粉，商人也會進口加工成顆粒狀的樹薯澱粉，並在包裝袋上寫成地瓜粉，但調水烹煮後，樹薯澱粉的特質就無所遁形了。

不是日本製的日本太白粉

至於日本太白粉，其實不是日本產的。它是以馬鈴薯製成的澱粉，特別濃Q緊實，勾芡之後不容易還水，品質比較好。由於台灣人有種刻板印象，總覺得日本出產的商品很好，於是就把這個跟太白粉樣貌及用途相仿的馬鈴薯澱粉稱為「日本太白粉」，但它通常是荷蘭製造進口的。

以前阿芳做節目時，開列了許多傳統的台灣小吃食譜，都會執著地指定台灣傳統的地瓜粉（番藷粉），但後來慢慢發現，真正傳統的原料因為農業減產、WTO貿易開放，價錢愈來愈高，購買也不易，所以後來我改變食譜做法，

達到即使用進口的樹薯澱粉，做起來也能有好吃的效果。

料理方式可以變通，吃的安全不能將就

食材雖然可以因應社會變遷而改變，但是有一件事情不能改變，就是食品安全。

澱粉這種東西出於天然食材加工，有它的自然特性。它加水後能夠吸水、增加口感，還能凝固成型，但當它受冰時就會變硬，泡水過久就會糊軟稀爛，這是澱粉食材永遠不變的道理。但現在有許多違背這些道理的加工製品，泡了水不會糊軟，冰凍後解凍還是Q彈無比，原因都是在正常的澱粉外，添加改良的物質，改變澱粉的結構，例如前兩年，有業者在澱粉裡添加順丁烯二酸，看似讓澱粉產品效果良好，卻連累了無數的商家，也讓消費者吃得不安心。

天然粉粿冰

材 料

A 地瓜粉1又1/2杯、
日本太白粉1/2杯、水1杯

B 山梔子8～10粒、
水2杯

C 焦香蜜糖漿適量、
碎冰塊適量

做 法

1

A料在大鍋盤中調成粉
水。

2

B料山梔子加水先浸泡15分鐘，
入小鍋以中小火煮至沸騰出色，
撈出去梔子渣。

3

山梔子水煮至大沸騰，沖入粉水中，攪成糊狀，倒入有深度的盤中，移入蒸鍋蒸10分鐘，至粉粿呈透明帶氣泡狀的熟粉粿，取出吹涼。

4

食用時，手沾上冷開水，拿粉粿切塊盛盤，加入少許冰，淋上焦香蜜糖漿即可。

阿芳老師的手做筆記

● 山梔子是梔子花的果實，顏色豔黃。除了聞花香，當夏季炎熱、食慾不振之際，山梔子具有清新降火之效，煮成茶飲，消暑解熱。而粉粿則是以方便取得的澱粉，以冷熱陰陽水沖擣出滑軟有口感的糰塊，蒸熟放涼就成了涼果，沾上糖蜜食用。充滿生活智慧的媽媽們，結合兩者，取山梔子煮水加入沖擣，目的不只在於染色，更是取其消暑解熱的效果（日本傳統醃漬黃蘿蔔也是以山梔子來染色），只是這樣的智慧已被講究速成的做法取代，一般市面上販售的粉粿大都以黃色素染色，即使同樣好吃，卻失去心意與意義。

粉角

材 料

A 地瓜粉1又1/2杯、滾水1/2杯、冷水約1/3杯

B 太白粉1大匙

C 焦香蜜糖漿適量

做 法

1 地瓜粉放在盆中,滾水由地瓜粉處倒入,以筷子攪動燙熟部分粉糰。

2 以筷子撥散去除熱氣,再添加1/3杯冷水揉成光滑柔軟,不沾手、不沾桌板的粉糰。

3 以擀麵棍擀成1公分厚的片狀,以薄刀切成1公分條狀,撒上太白粉防沾,再改刀切成1公分長寬高的方粒,全部與太白粉拌勻即為粉角生胚。

4

5

入沸水鍋煮至浮起，再續煮至漲大浮鬆狀。

撈出泡入焦香蜜糖漿，加少許煮水一起拌勻略放，即為蜜粉角，可添加在各式甜品、冰品中食用。

阿芳老師的手做筆記

● 粉角是南部的說法，也是阿芳小時候媽媽常做給我們吃的甜蜜點心。不耐久泡水中的粉角，煮好後泡在糖或糖蜜中防止沾黏及糊化，口感變得甜口結實，而若泡入冰綠豆湯中，溫度會讓粉角產生脆心的口感，Q彈耐嚼。為了追求口感，有人在粉角製作過程中添加明礬及硼砂，讓粉角鬆軟中帶有強烈的脆心，稱為脆圓，但近年來因食安受重視，這種對身體有害的脆圓已不多見了。

● 烹煮粉角時，一定要煮至粉角浮漲才算全熟，加在冰品中也要盡快吃掉，否則變脆心後，會因久泡水中而糊大不好吃。當然除了涼吃，也很適合加入熱甜湯中。

材　料

A 地瓜粉1斤、冷水約1又1/2杯

B 太白粉約1杯、黑糖1/2杯、
焦香蜜糖漿適量

C 大炒鍋1個、
孔洞粗細不同的篩網2～3個、
噴水器1只

做　法

1

地瓜粉倒在炒鍋中，倒入冷水，先搓
成濕而不化的粉母。

將粉母中的大顆粒，透過篩網壓碎成粉粒狀回到鍋中。

雙手成五爪狀，伸入粉料中，順同一方向，再反方向不停轉繞，加上雙手輕搓，即可搓出一粒粒粉圓。

粉圓量增多時，可以先用細洞篩網篩出過小的粉圓回到鍋中的粉料。留在細篩網上的有大小粉圓。

另以一乾淨鋼盆，架上粗孔篩網，將細篩網上的粉圓倒入過篩，留在粗篩網上大顆者即為大顆粉圓，過大者可壓碎再回粉料中，在鋼盆中的就是中粉圓。

6

炒鍋中的粉料可重複再搓，若不易再成粉圓，可適時噴水，即可再以手轉繞出粉圓，過濕即可加少許太白粉，依樣以細篩網先大篩網後的方式過篩，如此反覆，可全部完成大粉圓波霸、中粉圓，以及留在鍋中的小西谷米3種粉圓。

7

同一規格的粉圓，入沸水鍋中，攪煮至沸騰，改小火加蓋煮，大粒20分鐘，中粒10分鐘，西谷米5分鐘的時間，熄火再燜與煮相同的時間。

8

撈出泡在黑糖及焦香蜜糖漿中，食用時可加冰塊、冷開水調開。

阿芳老師的手做筆記

● 搓粉圓是以手搓動濕粉，產生滾珠離心的原理，樂趣度高，煮熟的粉圓更是好吃。最重要的是找齊工具，大一些的寬口炒鍋、大小孔目的篩網、噴水器缺一不可，可以多找多觀察，找出適合的工具。

● 未煮的粉圓容易酸敗，所以做好若不下鍋，要加上少許太白粉略搖，稍微晾乾，就可以包好放冷凍保存。

● 市面上看到的粉圓顏色很深，多半是加了化學的焦糖色素，雖然多了焦糖的顏色香氣，但對身體無益，所以在家可以製作原色粉圓，再加黑糖及糖漿浸泡，同樣有好效果。

材料

A 太白粉2杯、黑糖1/2杯、
水1杯、甘納豆1/2杯

B 太白粉適量、冷水適量

做 法

1
燒開1杯水，加入黑糖
攪散。

2
太白粉放在盆中，沸騰黑糖水即沖入盆中，以筷
子攪成穗狀粉粒。

3

待熱氣稍散，即可以手抓揉成糰，過乾可稍加冷水，過濕可添加太白粉，揉成滑細粉糰，即可以沾濕紙巾覆蓋。

4

抓粉糰搓成細條，即可捏出粒狀搓成約0.8公分直徑的圓粒狀，投入放上少許太白粉的盆中，搖勻防沾即成波霸粉圓。

捏小塊粉糰，按扁包入甘納豆，搓圓即成包心粉圓。

5

6

食用時取適量投入沸水，攪煮至沸騰，改小火加蓋續煮10～15分鐘，熄火泡10～15分鐘，即可撈出添加糖水或茶飲食用。

阿芳老師的手做筆記

● 看起來又圓又大且有著有趣名字的波霸粉圓，和傳統的粉圓可是口感大不同。波霸粉圓加入飲品中，除了台灣可買到，遠至歐美、甚至中東，都可以見到它的蹤影，緊Q的口感，濃濃的焦糖香，讓人一吃就開心。只是市售的波霸粉圓多半為了存放而添加了防腐劑，是最令人憂心的。

● 在此製作的波霸粉圓是以粉角的澱粉皮，加上黑糖的作用，產生緊Q彈牙的口感，所以烹煮的時間會因此拉長，包得愈大，烹煮的時間也愈長。包好的粉圓要放入冷凍保存。

粉條

材 料

Ⓐ　在來米粉1杯、水2杯

Ⓑ　太白粉2杯、水1杯

Ⓒ　沙拉油1小匙、冷開水1鍋

Ⓓ　焦香蜜糖漿、冷開水、
　　冰塊適量

做 法

1

A料在來米粉加水
調成粉水，倒2/3
量入小鍋，攪煮至
產生糊化，即可離
火續攪至勻細稠糊
狀，1/3的粉水留
用。

2

B料太白粉加水調成極
濃粉漿。

3

太白粉漿分次加入做法1的米糊攪至勻細，拉起可呈流瀉的片狀。過濃加入預留1/3的粉水調勻，過稀則把預留的1/3粉水再加熱攪成糊狀；將粉糊加入調勻即可增加稠性。

4

準備一個600c.c.的保特瓶，以尖頭剪刀燒熱剪去瓶口，並於瓶底刺出4～5個約0.7公分的圓洞，即為粉條漏斗。

以平底湯鍋燒開1鍋水，加入沙拉油。

5

6

漏斗放在小碗上，倒上粉糊，移至水面上方約2公分處，即可令粉糊流瀉而下。

7

以筷子輕撥，煮至透明狀，即可撈起瀝乾吹涼，放涼後需以袋子包好，以防止乾化。

8

食用時在袋中加入少許冷開水，隔袋子揉開，倒出加上糖漿及冷開水、冰塊食用。

阿芳老師的手做筆記

● 粉條的奧妙結合了多種因素，粉漿冷熱互調產生糊化的漿質，過稀可能流到水中就化掉了，過濃則可能堵塞在漏桶中，無法滑順地流瀉而下。一般人以為把粉漿從漏斗擠下即可，可是漏斗的孔洞太多，一次漏下太多粉漿，水溫下降太快，條條不明顯，可能就變成一鍋濃茨糊了，所以改用寶特瓶取代傳統車出洞眼的竹筒或鐵罐，拉高粉漿裝瓶的高度，下面只有四孔，自然產生壓力往下擠，加上鍋中沸水滾動的力道，把粉漿往下拉，形成條條分明的粉條。以上這些製作技巧，來自阿芳曾經一個下午玩掉十斤粉料的失敗經驗，所慢慢摸索出來的道理，是有志竟成換來的寶貴經驗。

粿仔粿

材 料

A 山梔子5粒、水2又1/2杯、
太白粉1杯、在來米粉1/2杯、
鹼油（亦稱粳油）1/2小匙

B 黑糖蜜或焦香糖漿適量

做 法

1 山梔子加1又1/2杯水先浸泡15分。

2 太白粉、在來米粉加1杯
水及鹼油調勻。

3

梔子水煮開，濾去梔子，趁熱
沖入粉水中攪勻，加入鹼油，
攪成糊狀。

4

粉糊倒在盤中，入蒸鍋大火蒸
10分鐘，取出放涼即為粄仔粿。

5

粳仔粿切塊盛碗，
淋上糖蜜食用。

阿芳老師的手做筆記

- 粳是鹼的閩南音，粳油也就是鹼油，傳統的天然鹼可以用材灰、稻殼灰、果木灰浸水而得到鹼水，經過稀釋，加在食物中可防止酸敗，油麵、鹼粽、粳仔粿就是常見的添鹼食物。很多人一聽是鹼，就覺得是個化學名詞，認為非有益的，其實鹼是一種天然的成分，只是現在家中不燒灶，沒有接觸木灰的機會，全然不解也不可能自製。因為是要添加在食物中，所以必須選擇有食品添加物許可證號的，才能用的放心。

- 由於鹼油的鹼性較強，誤食容易灼傷，依食品法規的規定，鹼油的包裝必須以紅底黑字的字樣，更必須加上警語，而沒用完的鹼油，一定要謹慎保存，不可放在容易誤取誤食的地方，使用時也一定要先稀釋。

冬瓜糖

材 料

Ⓐ 成熟冬瓜2斤、白砂糖2斤、
黑糖1/2斤、水1杯

Ⓑ 深鐵盤1只、防沾紙1張

Ⓒ 冰塊、冷開水適量

做 法

1
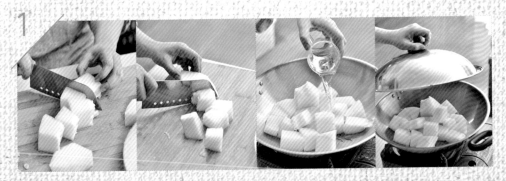

冬瓜切皮切塊,加入1杯水入快鍋煮至沸騰,改小火煮至熟軟可壓散。(亦可使
用快鍋煮5分鐘,更易軟透。)

2

冬瓜及湯水壓成冬瓜泥狀。

3

冬瓜泥加上白砂糖、黑糖一起放入大炒鍋,開大火翻炒約40分鐘,至糖漿由粗糖泡變細密糖末(可滴入冷水成圓粒糖珠),鍋沿的糖漿開始呈現反砂糖狀,此時溫度約為125℃。

4

將糖漿倒在鋪上防沾紙的深鐵盤中,以鍋鏟再推動降溫,即可見到由邊角降溫凝固成糖塊。

5

在糖塊尚有溫度時,以利刀切成塊,放涼即可收起裝罐保存(久存要包好冷藏)。

6

食用時以少量水煮化成冬瓜露,再調上冰塊、冷開水食用。

阿芳老師的手做筆記

- 冬瓜挑選大一點,瓜囊洞眼大一些的較為成熟,容易煮成入口即化的狀態,才易壓成無組織的冬瓜泥。

- 炒冬瓜糖火候一定要足,可以見到鍋邊的糖漿反砂結成糖砂,再把整鍋倒盤,才不會因為火候不足,冷卻後只呈反砂的糖膏狀,無法成塊。

- 自家炒的冬瓜糖因為不加焦糖色及香料還有防腐劑,而且有很高的冬瓜成分,所以如果不能很快吃完,建議包好放在冷藏室保存,以免濕度太高而發霉。

- 塊狀的冬瓜糖可以添水煮開成冬瓜茶,放涼冰存,也可以一大塊冬瓜糖只加1杯水,以小火慢慢煮成冬瓜糖漿,放至全涼就可裝瓶保存。液態的冬瓜糖可用在冰品上,或添加冰塊白開水成現泡冬瓜茶。

擋不住的吸引力
老爺爺的古早味冬瓜糖

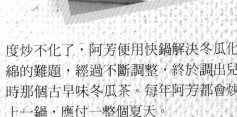

在阿芳童年的記憶中，舅舅家隔鄰五戶的店面，是我小學同學爸爸開設的機車行，但機車行的一個角落，總是排滿小山堆似的大冬瓜，同學的爺爺每天都蹲坐在竹椅上，腳跨著木板、手拿著西瓜長刀，俐落地將冬瓜切成冬瓜條，再往下丟進竹簍裡。同學家的後院每天都炒著很香的冬瓜糖，對孩子來說，那香味是擋不住的吸引力。

這就是阿芳自小到大喝的冬瓜茶。十多年前，阿芳在《食全食美》的外景節目中，就介紹了這家義豐冬瓜茶店，尤其是他們的限量冬瓜露。後來拜網路傳播所賜，同學家就成了要排隊的超級名店。

一般坊間賣的冬瓜糖，雖然方便，卻都不是阿芳記憶中的味道，所以阿芳就自己學著爺爺將冬瓜切塊，因為糖的密度炒不化了，阿芳便用快鍋解決冬瓜化綿的難題，經過不斷調整，終於調出兒時那個古早味冬瓜茶。每年阿芳都會炒上一鍋，應付一整個夏天。

食譜拍攝那幾天，氣候炎熱，這個天然無添加的冬瓜茶成了所有工作夥伴的消暑涼茶，每天一桶一桶的泡，幾位夥伴也崇尚自然，每個人都愛極了，只要喝過，以後你就能輕易分辨什麼是添加香料的焦糖冬瓜茶，什麼是天然無添加的消暑清涼冬瓜茶。

非 知 不 可

搬家的檸檬汁

冬瓜糖的好朋友，非檸檬莫屬。檸檬雖然可以放一段時間，但放久了，總不是那麼新鮮方便。所以每到夏天，阿芳家就會出現一瓶隨時在冰箱中搬家的加鹽檸檬原汁！

把檸檬壓出原汁，大約依1杯量加1小匙的鹽，裝瓶冷凍，鹽讓檸檬的滋味更柔美，即使泡甜的檸檬茶，也不會感覺出來。但一直放在冷凍，要用時得退冰，所以阿芳會先將它整瓶冷凍，加強保鮮後，再移到冷藏慢慢解凍，可以隨時倒出來用。通常晚上做完飯整理冰箱時，阿芳會順手把它放回冷凍，隔天弄早餐時，再把它移到冷藏，這樣家裡隨時都有檸檬汁可用，而且因為加了鹽，放在冷藏幾天也不會壞。

一碗冰的甜蜜
用盤裝的冰，用碗裝的冰，風格大不同

由於台南天氣炎熱，夏天吃冰是最消暑的樂事，而且台南可以吃的冰品種類真的不少。

在阿芳的記憶中，直到現在依然記得在台南民生路與正義街（現已改名新美街）的街口，藏身小騎樓下的冰店，那位我們孩子習慣稱呼為阿桑的老闆娘。她看起來就跟我媽媽一樣純樸，放滿豆子甜料的玻璃櫃永遠擦得明亮乾淨，尤其那些煮得濃濃蜜蜜的豆料，跟我媽媽煮的蜜紅豆、蜜綠豆一個樣。我最喜歡看阿桑俐落地拿著瓷盤，電動刨冰機快速刨下那又細又綿的清冰，然後依著客人所點的料，一一加在冰山上，再回頭補上一些冰、淋上糖漿，最令孩子無法抗拒的，就是拿著一罐煉乳，在冰山上淋個夠，這就是阿芳兒時最喜歡的冰店。

可惜這家冰店在阿芳小學時就關門了，直到我念國中時，學校附近有幾家冰果室，像是迦南冰店、小荳荳，還有現在因網路而大排長龍的莉莉冰果室，

賣著學生愛吃的各種冰品，現打木瓜牛奶、果汁，還有台南很容易吃到的鍋燒麵，在這些冰店也能吃到。冰品多半用盤子盛裝，而像是「月見紅豆牛奶冰」，都是日據時代留下的日式冰品概念，就像現在我們去日本旅遊，也可以吃到那個在剉冰上加抹茶、蜜紅豆、湯圓，再淋上煉乳的宇治金時。

屬於阿芳和媽媽的幸福滋味

說起來也很好玩，大熱天的應該是正中午最需要吃冰，但上面這樣的日式冰品，不管是在阿芳記憶中的阿桑冰店，或是我們放學流連的冰果室，甚至阿芳和先生每每回到台南必吃的民族路八寶冰，都是從下午或華燈初上才開始賣，有的甚至賣到三更半夜，真是一個賣冰的怪現象。

但是，在阿芳的心中，還有一個屬於

阿芳和媽媽的幸福。

　　小時候，阿芳很喜歡和媽媽一起去買菜，因為從我家走到水仙宮市場的路上，在西門路的小巷口，有著一攤阿公的冰品攤，攤上放著一盆透亮水汪的愛玉，上面架著一個板子，放上一小鍋切得很薄、點綴愛玉用的杏仁豆腐，旁邊還放上了一顆擰乾的愛玉子，還有一盆糖香十足的粉圓，幾盤兩白一黃的粉粿、粉寮（粉條）還有粳仔粿，最好玩的是，阿公的攤上沒有插電的刨冰機，而是把冰槧在木板的砧上，用扁鑽剉剉剉，真的是手工剉冰。

　　在買好菜回家的路上，媽媽就會帶我吃上一碗，阿公把冰對著碗口剉，而媽媽總讓我挑著自己喜歡吃的料，母女合吃一碗，那一碗冰的甜蜜，永遠深留我心。

最簡單卻也是最美味

　　由於阿芳喜歡小吃的美味與探究人地相關的知識，所以很努力研究這些在阿公攤上屬於鄉土的冰品小吃，現在全都會做了，更能體會為什麼阿公把冰剉在碗中，因為這些冰料多半是用地瓜粉現做的，不禁放，所以手工的量也不會做太多，賣完就沒有了，更不能泡在冰中太久，不然會變硬，所以用碗裝，冰的量不會太多，涼水冰翻拌時，才不會弄得滿桌都是，這些冰涼的糖水讓這些冰料吃起來都滑軟無比，尤其在阿公的冰攤上，最靈魂的莫過於那一鍋可以整合所有冰品的糖漿，加什麼都對味，而且不需要煉乳來幫襯，最簡單卻最美味。

　　隨著時代的快速演變，這些傳統手工的冰料，都變成機器製。而那個在我記憶中很有媽媽味卻很豪華的八寶冰，也變成了用鐵桶豆料的連鎖冰店。那種兒時的甜密記憶，要再找回，恐怕愈來愈不容易了。

檸檬愛玉

材　料

A 愛玉子1兩（4大匙）、
　　水8杯

B 焦香蜜糖漿適量、
　　冷開水、冰塊適量

C 檸檬汁適量

做 法

1

在乾淨無油鍋中，加水煮開，放
至手可觸摸的溫度。

2

準備一條手帕，將愛玉子包在手
帕中綁好。

3

手洗淨，將手帕泡入溫熱水中搓出漿，約5分鐘後擰乾。

4

愛玉液靜置不動放涼即凝結為凍狀，可移入冰箱冷藏。

5

冰涼愛玉切塊，加入焦香蜜糖漿調甜，擠入檸檬汁即成。

阿芳老師的手做筆記

● 粉愛玉是一種樹果，外有硬殼，殼內充滿酵素豐富的籽，剝開反曬後就成了帶殼瓣的愛玉，一般市面上買到的愛玉子，是已經從殼瓣上刮下的散籽，才容易裝袋搓洗。

● 搓愛玉要靠水中的礦物質與愛玉子內的果膠酵素產生作用，才會有凝凍作用，所以洗愛玉的水要使用一般自來水煮沸放涼，不要使用逆滲透過濾後的純水，這樣就起不了作用。

● 真正的愛玉凍，除了滑軟的果凍口感外，色澤帶有愛玉子的纖毛質地，還有微澀的口感，切開後多放一些時間，就會有少許出水的狀態，和市面上以果凍粉添色凝固的假愛玉可是完全不同的口感。

● 搓洗愛玉的過程中，手最好保持在水面下搓洗，才不會把空氣洗入愛玉凍中，以免洗好的愛玉不夠透明，呈現白濁的泡沫感。

石花凍

材 料

A 石花菜2兩、
水12～13杯、
黑糖1/2杯

B 焦香糖醬適量、
檸檬汁少許

作 法

石花菜以清水沖洗2次，放入電鍋內鍋加水。

移至爐火煮至沸騰（小心沸騰浮鍋）。

3

電鍋外鍋放入2杯水，放
上底部蒸架，再放上煮沸
內鍋，切煮至跳起。

4

拿一塊冰涼的盤子，淋上煮好
的石花凍液，看是否可快速凝
出一層石花凍，如果可以，就
表示已經完成。

5

以細網過濾出湯汁，加入黑糖調勻，即可裝
模冷卻冰涼成凍。

6

食用時切丁塊，淋上糖
漿及少許檸檬汁即可。

7

濾出的石花菜可以包好入冷藏保存，可以再一次加水至電鍋8分滿，重複再煮蒸一次，再製作第二次石花凍。

阿芳老師的手做筆記

● 石花菜是台灣東北海岸特有的物產，是一種生長在礁岩的水草，需要潛水摘採，剛離開海水時是紅色的海草，海口人總是將其曬在前庭，潑水後曬，隨著潑水的次數，顏色就愈來愈白，曬乾後收存，除了煮成石花凍，也可賣石花菜，石花凍和愛玉一樣消暑清熱，富含膠質與膳食纖維。

● 阿芳的先生老家在九份，兒時夏日總愛下山到海邊戲水，夏日吃碗石花凍，比起吃愛玉可是稀鬆平常多了。因此當媳婦的阿芳也成了半個內行人，記得，買石花菜時千萬不要只問價格，而是要買形體較細小的小花品種，熬煮後出膠成凍的效果最好。

● 傳統以湯鍋熬煮石花凍實在費事，除了炎熱，煮滾的石花容易沸騰溢鍋，得長時間小心看顧。忙碌的阿芳向先生的同學討教，試過幾次後，將湯鍋爐火熬煮改成了電鍋蒸煮，少了爐火，一樣可以熬出消暑的石花凍，只是在電鍋與內鍋中間，一定要加上蒸架，才可避免沸騰溢鍋的狀況。由於在電鍋中蒸煮，少了明火的濃縮效果，所以石花菜與水的比例放濃一些，石花菜濾後可以冷藏保存，再添水煮第二次。

家傳的幸福甜蜜滋味

一豆百用，口感佳、香味濃、保存方便的多功用日式蜜紅豆

如果問說，紅豆湯好煮嗎？我想大多數的人都會說不好煮，因為熬煮紅豆很費時，過程中豆味飄香，煮好時卻香氣大減。紅豆煮不軟不入味，煮軟了卻常常豆裂沙崩，變成一鍋瘦豆殼及沉底的豆沙湯。重點是，明明放入冰箱保存，卻常常還沒吃完就壞掉了。這就是一般家庭煮紅豆湯時常碰到的情況，不僅效果不佳，還會浪費掉不少現在不算便宜的紅豆。

傳承自媽媽的好心意和好手意

阿芳有一個嗜甜的老爸，吃甜的程度跟孩童一樣，所以在我從小到大的印象中，我們家的冰箱裡總是擺著一鍋蜜紅豆，那是媽媽拿來煮紅豆湯給我們當點心用的，可是孩子們更愛用小手指偷偷挖起一小搓蜜紅豆，含進嘴裡，滿是甜蜜的幸福味。

為什麼阿芳家的蜜紅豆是如此濃濃一鍋呢？原因可就要話說從頭了。阿芳的爺爺生長於日據時代，當時家中是開設旅館的，而阿芳的媽媽是長媳，自然要負起掌廚的重責大任。由於當時日本客人極多，按慣例旅館得供應房客早晚的伙食，因此媽媽做中學，也學會了許多日本的家常料理。

眾所周知，日本人對吃很講究，除了正餐，飯後點心也不能馬虎，因此道地的蜜紅豆、紅豆湯、紅豆洋菜凍，就成了媽媽的基本配備。在阿芳的兒時記憶中，總會浮現一個畫面：用漆器碗盛裝的熱紅豆湯，旁邊搭配一個小碟子，上頭放著兩片醃漬的黃蘿蔔片。

後來阿芳到日本東京旅遊，在淺草寺雷門前的紅豆專門店「梅園」，吃到同樣配著黃蘿蔔片的紅豆湯，才總算明白，原來日本人真的都這樣吃！於是我也在電視上教大家這道好用又好吃的紅

豆料理：日式蜜紅豆。

製程標準化，
煮出職業水準的蜜紅豆

　　這道從媽媽那裡學來的蜜紅豆，名列我家的傳承食譜之一，而且它對我別具意義，因為除了傳承，我還加以流程化與標準化。媽媽教授的紅豆煮法，主要來自經驗摸索，以及因時因地的彈性調整。後來阿芳有幸在電視上做料理教學，也有機會使用到方便的烹飪工具，為了讓每位觀眾看完電視就能煮出一鍋職業水準的蜜紅豆，自然必須提供一套最準確的方式。

　　因此阿芳勤煮勤練，練出了這一套實用又標準的SOP煮法：豆子不泡不洗的煮水挑豆法，不論用電鍋或快鍋，都能煮出肥大不破仁的紅豆；紅豆不軟不加糖，煮好的蜜紅豆因為水份少甜度夠，可以拉長保鮮期。甜滋滋的蜜紅豆可以稀釋煮紅豆湯，也可以當作麵包餡或甜點夾心，更可以拿來蒸年糕，變化各種不同的點心運用。

調整做法，冷熱變化都精彩

　　步入中年後，對於飲食健康更加重視，所以這兩年阿芳已經把為了豆子保質的自然手法（1斤豆配1斤糖的配方）做了調整（1斤豆配12兩糖），同樣既可保鮮又可甜蜜，甚且因為現在買到的紅豆品種已有所改良，不再那麼乾硬，因此水份也做了微調，想要嘗試不同做法的朋友們，歡迎試試阿芳的新調整，保證讓你吃到口感綿密又香甜的紅豆。

　　此外，做好的蜜紅豆可以做各種變化，在這裡阿芳也要教大家簡單的冷熱變化型，冬夏皆宜。就讓煮紅豆不再成為一項讓人又愛又怕的挑戰，而是每次都可以讓粒粒珍貴的紅豆得到最好的運用。

蜜紅豆

材 料

紅豆1斤、
水5又1/2杯、
二砂糖12兩、
鹽1小匙

做 法

1

紅豆不洗不泡，放入小鍋中，添水淹
過豆子，開火煮至沸騰，倒去浮在水
面的壞豆，重新洗淨。

2

紅豆加5又1/2杯水，入快鍋，煮至沸騰改小火再煮20分鐘，熄火至洩壓開鍋。（電鍋外鍋添加1又1/2杯水，煮至跳起續燜15分，開鍋翻動豆子，外鍋再加1又1/2杯水煮第二次，至電鍋跳起再多燜15分鐘，檢視豆子是否完全煮至熟軟，不夠軟可重複煮第3次。）

3

確認豆子完全綿細，方可加入二砂糖及鹽，以筷子攪拌均勻，倒入保鮮盒中，放至全涼方為蜜紅豆。

阿芳老師的手做筆記

● 煮蜜紅豆除了水量及火力的拿捏，更重要是後燜豆的效果，所以一次要烹煮1斤豆，這樣熱能才足夠，一次煮好要是用不了那麼多，可以分出一半包好冷凍保存，下次要用時拿出來解凍，解凍後會變成稍微的水沙狀，只要放到電鍋中再回蒸，取出放涼，就會回到綿Q的狀態。

● 新收紅豆顏色鮮紅有光澤，吃水量低，容易烹煮，而老豆較乾，顏色暗紅較無光澤，吃水量高一些，煮軟要多花一些時間，但香氣足一些，可視買到的豆子，在水量上做微調。

紅豆牛奶冰棒

材 料

Ⓐ 水2杯、細砂糖3大匙、
奶粉3大匙

Ⓑ 玉米粉2大匙、水3大匙

Ⓒ 蜜紅豆或蜜綠豆3/4杯

Ⓓ 冰棒模型6根

做 法

1

水加細砂糖燒開。加入奶粉調化,以B料調成玉米粉水勾芡,煮至沸騰,加入蜜
豆拌散,即可熄火。

2

填入冰棒模型中,蓋好擦淨,放涼後
移入冰箱冷凍即成。

陳皮紅豆湯圓

材 料

小湯圓適量、
廣陳皮2張、
水5杯、
蜜紅豆1又1/2杯、
玉米粉水適量

做 法

1

陳皮先以水泡軟，以湯匙刮去白膜，
切成細末。

2

水煮開，加入小湯圓煮至浮起，加入
陳皮末及蜜紅豆煮開，以玉米粉水勾
薄芡。

畫龍點睛，悠香回韻

千年人蔘，百年陳皮

橘皮變陳皮，價格與效益翻倍

所謂陳皮，是將橘子皮晒乾或烘乾後變成藥材。陳皮的主要產地在廣東，尤其以新會最著名，宋代開始，新會的陳皮就是進獻皇帝的貢品，雖然其他地方也產陳皮，都不如新會來得有名。

陳皮的產季在秋天，每到農曆九月，新會的果農就將橘皮剝下來串在鐵線上，利用風乾的方式晒橘皮，天氣好大概一個星期左右，橘皮就能完全乾透。但乾燥後的橘皮還不算製成。秋天晒乾的橘皮，要立刻密封保存，等到來年清明節前後，再次取出晒製，以確保橘皮不會發霉。經過春晒和冬晒三年，就可以永久保存。

廣東人有一句老話：「千年人蔘，百年陳皮。」意思是說，陳皮放得愈久，價格愈高，甚至能和人蔘相提並論。所以一般在廣東買陳皮，是論年份來賣，有三年、五年、八年的差別，年份高的陳皮吃起來較不苦澀酸。不過一般用於烹調的陳皮，只要買十年以下即可。

選陳皮要看顏色、聞香味、辨厚度

購買陳皮有個訣竅：天氣乾爽時去買，陳皮比較乾燥，重量較輕，秤重時比較划算；天氣潮濕，陳皮濕氣重，買了就會吃虧。保存陳皮時一定要注意濕氣，避免受潮。

怎麼選擇陳皮呢？看顏色、香味和厚度。顏色淺、帶有清香甜味的厚陳皮，年份較新，價格較便宜，多半用於烹調；皮薄，顏色看起來深，年份高，價格相對也高。不管新舊，如果帶有霉味或發霉，表示受潮不能使用。

陳皮除了可以入藥，也可以煮食。例如陳皮老薑茶，可以治療咳嗽、感冒，對咽喉痛有舒緩效果。陳皮還有消滯的功能，煮紅豆湯的時候放一點陳皮進去，就不會吃多了產生胃酸、脹氣。而陳皮與普洱茶搭配，有消積化滯的功能，還可降血壓血脂。陳皮獨特的橘皮香氣，添加在滷香中，有去腥解膩的效用，廣東茶樓的陳皮牛肉丸、廣式羊肉煲，都少不了陳皮這一味。

蜜綠豆

材　料

◉ 毛綠豆1斤、
　水5又1/2杯、
　二砂糖12兩

做　法

毛綠豆洗淨,加水放入電鍋內鍋
浸泡30分鐘,外鍋加2杯水,煮
至跳起,再多燜15鐘。

開蓋確定綠豆是否完全軟綿,若
未全軟,以筷子翻動綠豆,外鍋
再加1杯水多煮一次,跳起一樣
燜15分鐘。
(亦可使用同分量豆子水份,以
快鍋煮至沸騰,改小文火滿壓煮
5分鐘熄火,燜至洩壓開鍋。)

3

二砂糖加入軟豆子中，以筷子拌勻，倒在乾淨保鮮盒，放至完全涼透才是蜜綠豆，可冰箱冷藏保存。若要長期保存，可分量冷凍。

阿芳老師的手做筆記

● 國產的綠豆是顆粒較大、外表略帶粉質的毛綠豆，煮熟豆粒肥大，口感鬆軟；而進口的綠豆則是顆粒較小，表皮帶有油光的油綠豆，雖然也是綠豆味，但口感就稍微遜色。

● 以電鍋或快鍋將綠豆煮熟，開鍋時會呈現無湯水的肥胖綠豆粒，如果不加糖做蜜綠豆，也可以倒入大盤中吹涼，綠豆的水份會隨著溫度降低而收乾，就是無糖的炊綠豆。

炊綠豆

台南綠豆湯

做法

1　粉角煮熟加少許糖拌勻，地瓜切丁亦入水煮熟撈出。

2　蜜綠豆加上冷開水調化，加入冰塊調涼，食用時加入粉角及地瓜丁即成。

阿芳老師的手做筆記

● 在台南有綠豆湯專門店，賣的就是這種以糖蜜過的蜜綠豆，因為加了糖的蜜綠豆，就會和綠豆的豆沙形成回Q的豆仁，甜味在豆子裡面，調了冰水，湯水清爽只會有微甜，但吃到的豆仁就有甜湯的甜味，所以特別消暑，加上台南特有的手工粉角，或是加入蜜地瓜丁，讓綠豆湯變得口感豐富又討喜。

材料

蜜綠豆適量、
粉角適量、
黃肉地瓜1條、
冰塊及冷開水適量

廣東綠豆沙

材 料

蜜綠豆2杯、
馬蹄8～10粒、
水5～6杯、
薄荷葉1把(海帶絲1小把)

做 法

馬蹄切片，加水煮開成
馬蹄水，加入蜜綠豆再
煮成綠豆湯，熄火後加
入薄荷蓋燜，放至溫熱
食用。（亦可將海帶絲
與馬蹄片一同熬水，再
加綠豆同煮，也是一種
廣東綠豆湯的煮法。）

阿芳老師的手做筆記

● 廣東綠豆沙是阿芳很喜歡的綠豆湯
吃法，廣州的甜品老舖「開記」
，最有名的就是這加上涼草、吃
溫不吃涼的綠豆沙，是
一種很棒的食療概念，
在店中牌匾上寫著「荳藕
火攻衣脫綠，沙因水滾色
翻紅」，道出了綠豆沙的巧
妙。

● 夏天濕熱，如果再吃冰涼，
容易虛火留身，綠豆敗火，溫
熱的吃，將身體的溼熱隨汗排
出，以薄荷涼草或海帶為引，是
最令阿芳欣賞的飲食護身觀念。

綠豆沙牛奶

材料

蜜綠豆4大匙、
冰塊1杯、
鮮奶1杯

做 法

全部材料入調理機打勻即成。

材　料

Ⓐ　芋頭1/3條、二砂糖1/2杯、
　　米酒1/2杯

Ⓑ　桂圓肉1兩、水8杯、
　　長糯米3/4杯、蜜紅豆1/2杯、
　　二砂糖1/3杯、鹽1/4小匙、
　　太白粉水適量

Ⓒ　米酒少許

做 法

1

芋頭切角丁，入鍋蒸熟，取出趁熱加
入米酒及二砂糖拌勻，放涼即為酒香
甜芋。

2

桂圓肉加水燒
開，加入長糯米
煮5分鐘，以二
砂糖及鹽調味，
再以太白粉水勾
芡至米粒浮於芡
湯中，加入紅豆
粒及酒芋拌勻熄
火。

3

盛碗後再滴少許米酒提香。

一口粥，滿口香

細說家鄉味，邀您共品嚐

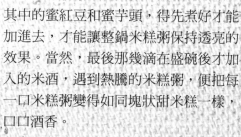

如果要問阿芳自小至今最喜歡原生故鄉的什麼甜食，而且只有一個空格可以填，那麼阿芳填的答案，應該就是這個米糕粥，因為一碗好吃的米糕粥，完全詮釋了台南人對美食講究的一面。

一碗甜粥，有著不簡單的大學問

阿芳把食譜的名稱寫為「酒芋米糕粥」，就可以看出其中的奧妙，通常這個熱甜品是在冷冷的天吃的，所以要用可以補身的桂圓煮出的桂圓茶當成基底，而名字中的米糕，就如同甜米糕一樣，糯米粒要剛好熟，但不能開花，才是上品，也因此要跟煮地瓜稀飯一樣，用澱粉勾芡，做好保護，而澱粉的濃度要勾到剛好，可以把所有的米粒均勻地分佈於桂圓湯底中。如此一來，每一口湯都可以吃到糯米香，至於點綴在

其中的蜜紅豆和蜜芋頭，得先煮好才能加進去，才能讓整鍋米糕粥保持透亮的效果。當然，最後那幾滴在盛碗後才加入的米酒，遇到熱騰的米糕粥，便把每一口米糕粥變得如同塊狀甜米糕一樣，口口酒香。

吃熱鬧也要吃門道

在台南有很多水果店，不是那種媽媽買水果的水果店，而是吃各種水果切盤及現打果汁的水果店，還有賣八寶冰的冰品店，在冬季天冷時，這些店家就會煮米糕粥應景。

近來很多人喜歡以吃美食作為旅遊的主軸，可是依著網路資訊尋找所謂的名店，卻常忽略了食物的意義和精髓，也忽略了這些很有門道的在地小吃。

如果你看到這篇文章，阿芳邀請你下次到台南時，若是碰到冷冷的天，尤其是下午茶或消夜時分，記得來上一碗米糕粥，可是非常令人心滿意足。

四川葡萄井涼糕

材料

A 在來米粉1杯、
地瓜粉5大匙、
水4杯

B 黑糖1杯、
水1又1/2杯

做 法

1

A料調勻成粉水，先留
出4大匙量；其餘粉水
分成2份。

2

一份入小鍋開火攪煮至鍋邊起糊，離火續
攪成米糊。

3

另一份粉水加入
攪勻成稀糊。

4

填入6～7小碗，移入蒸鍋蒸20分鐘取
出放涼。

5

黑糖入小鍋炒冒煙出香氣，加入水煮至沸騰，以預留粉水勾成稀芡狀糖漿，放涼
後入冰箱冰涼。

6

食用時，取涼糕扣
於淺碗中，淋上冰
涼黑糖漿即可。

阿芳老師的手做筆記

● 葡萄井涼糕是阿芳每到四川必吃的甜點，
對於麻辣重味的川菜，在餐後享用一碗滑
細清香的甜點，可以說是幸福度破表的點
心。葡萄井是四川省宜賓市成郊外的一口
泉井，當地人用葡萄井的泉水浸泡竹香
米、磨漿、煮糊，再填碗蒸熟成一碗碗的
涼糕，加上用米漿煮出濃香的糖膏，配上
米香十足的軟滑糕體，在四川不管是大餐
館或是小麵店，都可以吃到這樣的消暑解
膩聖品。

芋圓
地瓜圓

材 料

Ⓐ 芋頭1/2條（約1/2斤）、
紅心地瓜1/條、
二砂糖1/2杯、
地瓜粉約1/2斤

Ⓑ 太白粉適量

做 法

1

芋頭、地瓜切大塊入
鍋蒸熟。

先取地瓜，芋頭留在鍋中小火保
溫，地瓜加上3大匙糖趁熱壓成
泥，即可加入地瓜粉一杯攪拌，
略散熱後，抓揉成不乾裂不過度
柔軟的糰塊。

2

3

再取芋頭加上3〜4大匙糖，趁熱壓成泥，加入地瓜粉一杯攪拌，略散熱後，以手抓揉成不乾裂不過度柔軟的糰塊。

4

分別按扁，切成小塊，放到盆中，加上太白粉搖勻防沾即成。

5

食用時煮至沸騰，再多煮至漲大才是熟透，撈出添糖水食用或加入甜品食用。

阿芳老師的手做筆記

● 每一條芋頭和地瓜的水份都不同，很難說一定要加多少粉，但是芋圓要做得成功，一定要趁芋頭還熱時壓泥，拌上粉，才能讓粉糰因燙熟而塑性，可以壓整並切成芋圓。如果揉不成塊，表示芋泥的量不足把粉料燙出黏性，可以先揉出一塊粉糰壓扁煮熟，再揉進粉糰揉勻。

● 粉糰一定要揉到勻實，煮好的芋圓才不會糊散，但也宜不過硬，煮好的芋圓才不會呈澱粉質感。

● 做好的芋圓可以冷藏保存2〜3天，最好包妥冷凍保存，下次烹煮時，不須解凍直接下鍋即可。但也不宜保存過久，以免產生乾裂現象，怎麼煮都不好吃了。

● 芋圓如果不煮甜的，可以先煮熟，改用蝦米香菇爆香，稍微拌炒，以少許醬油及豬油蔥調味，加一些韭菜段及香菜，就是客家料理中很美味的老菜：算盤珠子。

純樸簡單的濃濃芋香
九份媳婦做芋圓，
誠邀共賞山城味

要說最有名的芋圓產地，非阿芳先生的故鄉九份莫屬。阿芳剛嫁到夫家時，夫家已經從九份搬到板橋定居，跟許多九份的移外鄉親一樣，夫家的親友都覺得發展觀光後的九份，除了美景不變，幾乎找不到當年的感覺，看似熱鬧，但已經不復當年俗稱小香港的金礦山城。

阿芳的婆婆和先生最常掛在嘴上的，是九份傳統小吃有魚丸、豆干包，但沒有什麼芋圓啊？想來應該是商人的包裝而產生的觀光名產，並非土產名物。過去阿芳在南部喝的甜湯，裡頭加的是粉角或杏仁豆腐，沒見過芋圓，第一次見到，是先生因為工作關係，回九份時順道買了一盒，卻因為忙碌而忘了，隔天晚上想起，這盒放在車上的芋圓已經酸敗。雖然沒能吃到，但看到它的樣貌，與台南粉角的概念很像，所以阿芳隔天就自己把芋圓給做出來。先生和婆婆一嚐，都說好吃極了。先生說我做的芋圓真材實料，軟Q適中，阿芳便開玩笑說，那九份媳婦做的芋圓，應該可以稱九份芋圓了吧。

台南女兒，九份媳婦

其實這道點心一點都不難，藉由蒸熟的芋頭壓成泥，把太白粉給燙半熟，很容易就將粉糰給揉好了，再切塊，與粉角的製作是同樣概念，而自己手做不加水份，做出來的芋頭質感和香味特別濃。阿芳在二十年前的節目上，就示範過這道九份媳婦的芋圓。

這幾年來，九份芋圓跟著九份的美景名聞國際，成了遊客必吃的美食，只是隨著食材成本高漲，很容易吃到加了香精的芋圓，失去了這個點心純樸簡單的意義。

當了二十多年九份媳婦，阿芳總不能老是只說自己是台南女兒，更應該說我是九份媳婦。九份是一個面海的美麗山城，冬來常常陰雨綿綿，讓景緻多了一份朦朧美。這樣的美景令人難忘，值得一遊，如果再吃上一碗熱熱的芋圓湯，那真的是讓人滿足啊！

材料

A　水12杯（約3000cc）、
　　紅茶葉60公克
　　（1公克茶葉約泡50cc熱水）

B　二砂糖3/4杯～1杯

C　罐頭奶水1/3瓶、
　　煮熟波霸粉圓適量、
　　冰塊少許

做 法

1

水在有蓋的鍋中燒開，改成中心小母火續熱，倒入茶葉蓋上鍋蓋立即熄火，燜4～5分鐘。

瀝出茶葉，加入二砂糖調化，即為熱紅茶。

3

未冰前紅茶

冷藏變色的紅茶

放涼裝瓶冷藏即為冰紅茶。放涼後可加入奶水，裝瓶冰涼即為奶茶。

4

杯中放入1/3杯煮熟波霸粉圓（見本書第146頁），加上2～3塊冰塊，倒入奶茶即成波霸奶茶。

料理小知識

會變色的媽媽紅茶

　　來過我家作客的朋友及工作夥伴，都知道我家冰箱裡常備幾罐冰紅茶，除了好喝，神奇的是還會變色。這是從小我娘家媽媽給我們喝慣的媽媽味，於是這個習慣和口味，在我當了媽媽之後也延續下來。我常常煮一大鍋紅茶放涼，裝入瓶中冰存，孩子及工作夥伴們想喝隨時都有。

茶公子開啟阿芳對茶的熱忱

　　至於在家煮的紅茶，和外面手搖飲料店賣的紅茶，或是鋁箔包的紅茶，有什麼不同呢？說一件趣事，大家耳熟能詳的天仁茗茶，店家公子正好是阿芳的小學同學，他的身形較高胖，所以在學校坐的是特別訂製的課桌椅，而且就剛好坐在阿芳的後面。這位胖哥怕熱，因此家中茶舖每天會為他送來整壺的冰涼紅茶，那紅茶喝起來和阿芳的媽媽煮的紅茶一個味。

　　因此阿芳從小就對紅茶有著深深的興趣，長大後有機會接觸到更多國家及不同品種的紅茶，也養成了收藏各種紅茶的癖好。我有一整櫃的紅茶存貨，冰泡熱沖皆有，不同產地不同品種，除了泡紅茶，也可以用紅茶茶末來烤蛋糕，優雅清香。

丹寧含量高，紅茶冰了變色

　　對於外面的手搖杯或包裝飲料，阿芳總覺得香氣和味道都加了味，因此知道孩子和年輕夥伴喜歡，身為媽媽的我就煮得勤，免得他們到外面亂買。只是好的紅茶丹寧含量高，冰過就會變成奶茶樣的濁色，雖然口感一樣好喝，但和飲料店添加香料的紅茶完全不同，久而久之，大家都說阿芳老師家的冰紅茶會變色。

　　每當阿芳想念媽媽的紅茶，就為孩子煮出屬於他們的媽媽紅茶，讓孩子一打開冰箱就有媽媽的幸福味。

家傳也要家家傳
勤學勤做，
撞出滿分的成就感

對於工作忙碌的阿芳來說，最能消除工作壓力的良方，就是找個沒有人會認出我的地方，把平常做的美食功課帶在身旁，以旅行見學的方式，遊中吃、吃中學、學勤做，許多失傳的美味，阿芳都是以這樣的方式給磨了出來。

四川老販一句話，點醒製作盲點

分享一個有趣的體驗：十七、八年前，我曾經到四川成都旅行。當年芝麻球一串只要五毛錢，而阿芳我竟然掏出一百元人民幣給街頭賣芝麻球的老伯，央求他領我回家，教我炸芝麻球。實在是因為我屢做屢敗，很想要學得竅門。

不料老伯直說：「現在沒法兒做啦，因為米料沒有浸水，沒有發隔天，沒法做。」聽到他拒絕我的這幾句話，我已恍然大悟，明白自己屢做不成的原因！原來我們都用方便的米粉添水揉成米糰來製作芝麻球，少了傳統米磨漿的活性，也就少了發酵的動力。

這一百元沒花出去，後來回國才進了家門，我連行李都沒打開，就立刻泡米去。當然，隔天一炸成功的芝麻球，就驗證了我的推論，也把原本始終不成功的謎團給解開了。

溫度是神奇奶酪的關鍵

接下來將要介紹的薑撞奶，同樣也是阿芳旅遊的見習。

薑撞奶是我到廣東珠江三角洲一帶吃到的甜品，當地幾家甜點老舖，都以這項點心做招牌，客似雲來。只不過這些店家就像守著什麼祕密般，不會讓人看到製作過程。喜歡吃美食也喜歡做美食的阿芳，很想學會製作這道點心的方式，在當年交通資訊不若現在發達的狀況下，勇闖廣東番禺、順德、大良一代，為的只是一窺美食究竟，卻始終不得其解。

也許是老天爺眷顧，一次偶然機會，

在深圳的甜品店等著撞奶上桌時，剛巧老闆娘的電話響起，她急著出來接電話，我瞥見她手裡拿著冒熱煙的奶鍋搖啊搖，突然有所領悟——原來我每一回把奶煮滾了，就對著薑汁沖下，始終不成還一心怪罪是奶的品質不佳，其實癥結所在，可能是少了讓牛奶降溫的動作。

牛奶要降到什麼樣的溫度呢？經過多次研究，我發現是70～80℃。而藉由這個研究嘗試的過程，阿芳已經可以在煮奶時判斷出奶的品質好不好。

台灣的冬乳夠濃，乳脂肪和奶中的酪蛋白含量都夠，加上辣辣的老薑汁中滿滿的薑粉，薑醇讓溫度在70～80℃間的牛奶產生固化的現象，就出現了神奇的奶酪，這可不是用鮮奶油和膠粉產生的膠質奶酪。

無私分享，成功喜悅感同身受

在阿芳喜歡的食記作家唐魯孫先生的大作中，也曾提到在他兒時生活的老北京，有著用木箱小烤爐烘烤而出的奶烙，應該和撞奶有異曲同工之妙。可惜儘管我多次到北京尋找，這樣的傳統老滋味已不復見。也因此，阿芳立定不藏私的料理職志，否則以後有興趣的小小阿芳們，可能因為這種家傳不可宣的心態，導致許多珍貴的手藝就這麼失傳了。

透過電視教學，觀眾除了學到這些有趣的點心，也常常藉由網路將快樂分享給我。記得多年前在電視節目上，我教授了這道薑汁撞奶，後來一位可愛的觀眾在網路上留言，說當他看到撞奶成功時，忍不住從廚房一路歡呼蹦跳到客廳，那種成就感和興奮感，連我都感受到了，總覺得一切努力都值得了。

薑汁撞奶

材 料

鮮奶1杯、
細砂糖1大匙、
老薑1塊

做 法

1

薑磨成薑泥，以細網過濾，取粉質薑
汁約1大匙。

2

鮮奶加糖入小鍋煮至鍋邊起小泡，即熄火搖鍋約15～20下。

3

4

薑汁放在碗底略攪，熱
奶即可沖入，不須再攪
動。

移入電鍋，在碗口蓋
上小盤，外鍋加1大匙
水，蒸至跳起即成。

阿芳老師的手做筆記

● 即便有了正確的撞奶技巧，若奶質不夠，未必能撞出固態的奶酪，可能
就成了一杯熱薑奶，雖然可以熱熱地喝不浪費，但也可以將一碗薑奶的
量，加上1個蛋白攪勻，過濾一下，重新蒸熟，就是一碗好吃的燉奶了。

● 不管是撞奶或是燉奶，只要是做法成功的，重新以電鍋溫熱都可以保持
奶酪的狀態，所以沒吃完的奶酪一定要冷藏，才不會壞了奶的品質。

|非|知|不|可|

● 為什麼薑撞奶會凝成固態奶酪狀，是因為薑汁中有一種薑醇成分，遇到牛奶中的酪蛋白，並在70～80℃的蛋白質熟化溫度，因此就起了凝固的作用，所以要拿來撞奶的牛奶，成分不能過稀，一般要買乳脂肪含量高一些的牛奶，相對酪蛋白的含量也會比較高。

● 做撞奶的奶不能煮過頭，這樣奶的成分就會被破壞，形成分離的現象。

● 一般撞好的奶溫度不會太高，最好再移入電鍋，加一點點水蒸一下，且要蓋上盤子，這樣只會把碗蒸熱些，不至於把凝固的奶酪給破壞了。但在上桌後，就有非常好的保溫效果，讓原本溫度沒有那麼高的奶酪，可以吃到最後仍然有熱燙的感受。

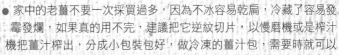

● 要撞奶的薑，一定要用老薑，新鮮現磨，再把薑渣給濾掉，這樣的薑汁可以很明顯看到有黃色的薑汁，還有沉澱的薑粉，要沖入牛奶前，一定要把薑汁給搖勻。

● 家中的老薑不要一次採買過多，因為不冰容易乾扁，冷藏了容易發霉發爛，如果真的用不完，建議把它逆紋切片，以慢磨機或是榨汁機把薑汁榨出，分成小包裝包好，做冷凍的薑汁包，需要時就可以拿出來使用。

薑汁燉奶

材料

- 鮮奶1杯、
  細砂糖1大匙、
  蛋白1個、
  薑汁1大匙

做法

1 蛋白與薑汁在碗中調勻。

2

鮮奶煮至鍋邊起小泡即熄火，邊沖邊攪，再以濾網過濾。

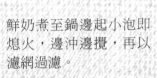

3

加蓋移入沸騰蒸鍋，以小火蒸5～8分鐘。

碳燒味豆漿

材 料

⬤ 非基改黃豆1/2斤、
水約12杯、
白砂糖1/2杯

做 法

1 黃豆洗淨，先以清水浸泡4小時（夏天需加蓋冷藏）後瀝乾。

2 泡軟的豆子分兩份，一份都加3杯水打成帶渣豆漿，即可倒入棉布袋，以1杯水搖清調理杯桶，一起揉擠出濃豆漿。

3 豆渣袋移至另一空鍋，再倒入5杯清水，揉洗出二次漿。

4

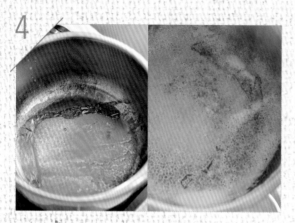

把兩鍋豆漿倒成一鍋，倒空的鍋子不必清洗，直接上爐燒至焦底焦味，再將生豆漿倒入煮至沸騰熄火。

5

把豆漿以細目撈網過濾一次，去掉浮起焦渣。

6

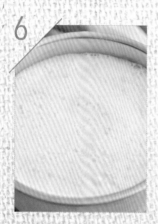

漿重新煮沸即為碳燒味濃豆漿，調入白砂糖後熄火。

阿芳老師的手做筆記

● 如果不愛碳燒的氣味，可以省略燒鍋底的程序，就是正常味的豆漿了。

● 黃豆打成奶，一定要透過棉袋，加上手勁的揉洗，才能把漿給完全揉出，這樣的豆漿才夠濃。當豆漿喝可以稍微稀釋，若是要做豆花、豆腐，豆漿就得夠濃。

● 煮好的豆漿，如果是要放涼後冰入冰箱，一定要煮到沸騰熄火，不再攪動，放到全涼，才能裝瓶放入冰箱保存。

● 煮好的豆漿若要加糖調味，只能添加白糖，如果使用二砂糖或黑糖，因為二砂糖及黑糖含有其他礦物質，會讓豆漿產生腐花分離的狀態。

手工豆花

材料

A 碳燒味濃豆漿12杯
（做法參考本書第210頁）

B 熟石膏（鹽滷或內酯）1又1/2小
匙、玉米粉2大匙、太白粉2大
匙、冷開水1/2杯

C 焦香蜜糖漿適量、薑泥少許

做 法

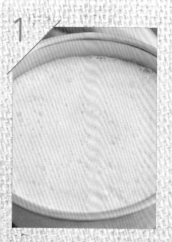

1

豆漿以中火煮至沸騰，
改小火再煮3～4分鐘
熄火（此時表面有泡
沫）。

2

豆漿靜置7～8分鐘，
可見泡沫開始慢慢消失
（此時溫度約在80℃左
右）。

3

B料在圓型鍋中搖勻成為澱粉滷水，豆漿撈去餘泡及豆皮，一氣呵成由高處沖入，不再攪動，靜置10分鐘即凝成豆花。

4

食用時，以薄平的大匙勺去表面粗泡，勺豆花呈薄片狀，加上糖漿，並視個人喜好添加薑泥提味。

阿芳老師的手做筆記

● 製作豆花的豆漿，溫度不能太高，煮沸的豆漿一定放到80℃左右，這樣做好的豆花才不會酸口。

● 好吃的豆花，不管是熱食還是冷吃，都要呈柔軟狀才是上品，所以挖取豆花時，一定要以平薄的方式挖取，這樣剩餘的豆花才不會塌散及大量流失水分。

● 豆花在冷熱的狀態略有差異，熱食較為滑嫩，放涼後就會稍微結實一些，所以豆花要是要吃冰涼為主，滷水和澱粉就少加，放涼的豆花就可保持軟滑的口感，可以靠多做得到經驗。

豆腐、豆腐腦、豆花大不同
黃豆家族變化多

一切都是從黃豆開始

豆漿是黃豆打出來的，但真正的豆漿必須要在黃豆的豆子是生的狀態下去製作。

而**豆腐**則是把滷水混入豆漿，產生物理變化後，成為凝固的腦狀。讓豆漿凝固的滷水，可以是硬海水提煉的鹽滷，可以是熟石膏，也可以是帶有礦物質的井水，或是現在一般以葡萄糖酸製成，名為內酯的豆腐通。滷水中的酸性物質，會讓豆漿中的蛋白質產生固化的現象，這就是豆漿變豆腐的基礎概念。

豆腐腦是豆腐成型前的那鍋豆腐胚，極細軟綿密，一攪動就會滲水。

豆花的製作則是在加入滷水之外，還要添加澱粉，藉由溫度把澱粉燙熟，有點像勾芡的原理，讓豆花除了像豆腐腦般凝固，還能把豆腐的水分留住，冷吃熱吃都滑嫩。

不同吃法，調整不同做法

豆花應該可以算是我們最常吃到的街頭甜品，即便在高樓林立的都市區，常常一轉角，就可以看到豆花攤。

豆花在冷熱的不同狀態下，口感略有差異。熱食較為滑嫩，放涼後就會稍微結實一些。所以，製作豆花時，若是知道將以冰涼食用為主，那麼滷水和澱粉就可以少加一些，放涼後的豆花就可以保持軟滑的口感，多做多學習，就會累積經驗和心得。

以前的傳統豆花，是老師傅將石膏以炭火燒炙成熟石膏，再搗成粉末，添加冷開水，製成滷水，再製作豆花。現代社會對於食品安全的要求和規定更為明確，因此在選擇豆花鹽滷時，不管是哪一種，都要選購有食品添加物許可證號的，才能用得安心。

不論是早晨溫暖肚子的那杯飲品，或是輕食以求飽足的樂活代餐，或者是家中牙口較差的長者多元的營養補充，一杯以天然食材攪打煮熟的飲品，是最方便也最營養的補給品。

材 料

⬤ 紫米1/2杯、
山藥1小段、
紅棗8粒、
黑糖適量、
水6杯（1400cc）

做 法

1
紫米洗淨，先以3杯水浸泡至水變色；山藥去皮切小塊狀，紅棗剖開去籽。

2
3樣材料入調理機攪細，再添上其餘3杯水一起攪煮至沸騰，並以黑糖調味後熄火即成。

材料

● 焙香黑花生1/2杯、
糙米（五穀米）1/3杯、
炒香白芝麻1大匙、
水6杯（1400cc）、
黑糖適量

做 法

1 糙米洗淨，加上花生及白芝麻，入果汁機攪成花生米漿。

2 花生米漿加上餘3杯水，一起攪煮至沸騰，並以黑糖調成微甜，再多攪煮一下即可熄火，可熱飲，或冷卻後裝瓶冷藏。

阿芳老師的手做筆記

● 焙烤黑花生除了選購現成，亦可以生花生用烤箱烘烤至深色出香，或以拌鹽翻炒的方式，直至花生顏色變深，再透過網欄篩去鹽巴即可。

● 除了使用果汁機攪打後再倒入鍋子煮滾，也可以全部材料洗淨倒入豆漿機中，以營養飲品的模式煮熟亦可。

杏仁茶

材 料

南杏仁1/2杯、
白米1/4量米杯、
水6杯、
白糖4大匙

做 法

1

白米洗淨先浸泡30
分鐘。

2

杏仁添加白米及水入調理機攪打成漿，倒出杏仁漿。

3

4

杏仁漿移至爐火上，邊
煮邊攪至沸騰，加糖調
味即成。

食用時視個人喜好可熱飲、冰飲，熱飲時，可將
蛋黃放於碗中，淋入滾燙杏仁茶攪散，並搭配油
條泡濕食用。

阿芳老師的手做筆記

● 市售的杏仁茶總是添加了香精，有時甚至添加過頭，喝下肚時
還會在喉嚨產生刺痛感，即使是現磨的杏仁粉，
也早在入機器磨製前，就先拌上了香精。倒不如
到中藥房買未磨的杏仁原豆，回家放在冷凍保
存，用多少打多少，吃得安心一些。

● 杏仁可分為當零食堅果吃的美國大杏仁；當成
藥材的北杏仁，由於藥性有小毒，所以又稱苦
杏仁，一般由醫師開方使用；還有俗稱甜杏仁
的南杏，雖然香氣比起北杏稍淡，但是打完
煮過，也非常香純。

玉米汁

材 料

● 甜玉米5～6根、
水6杯、
白砂糖約4大匙、
玉米粉水適量（也可不用）、
奶油適量

做 法

1

玉米剝至剩一層外葉，連玉米
鬚添水一起入鍋煮滾，再以中
小火煮10分鐘（或以快鍋煮至
沸騰，再多煮2分鐘熄火）。

2

放至玉米湯降溫至手可拿取，
取出玉米剝淨外葉，一根切成3
段，再改站立切下玉米粒，煮
玉米水留用。

3

將玉米水及玉米粒入果汁機攪碎出漿，倒出並以細網濾去渣粒。

4

將打好的玉米漿移至爐火上，邊攪邊煮至沸騰，以糖略調甜，若喜好濃度較高，可以玉米粉水勾芡增濃，熄火即可放涼冰飲，亦可熱飲，並在熱燙時，加入少量奶油增味。

阿芳老師的手做筆記

● 甜玉米新鮮採收時最鮮嫩，如果未盡快烹煮完畢，隨著存放時間愈久，外膜會愈來愈老，所以玉米買回時，如果沒有現吃，一定要洗乾淨切好段，包好放在冷凍，要煮時不必解凍直接下水，就可以保持鮮嫩了。

● 這是阿芳在北海道旅遊時所喝到的早餐飲品，因為北海道的玉米非常香甜，產量也很多，在每個地方都可以見到它的蹤影，到處都有賣，但就屬這一杯看起來很像玉米濃湯的甜玉米汁最吸引我。只不過我喝的是透過販賣機現沖出來的，回台灣後，我用菜市場買來的台灣玉米，做出了比北海道更好喝的味道。幾年後，阿芳到中國大陸的餐廳用餐，發現許多餐廳也流行這些以各種穀糧打的飲品，我看到了這個玉米汁，哇，叫上一瓶約4～5杯的量，竟然要價50元人民幣，算一算，只要台幣50元的玉米，就可以打出2～3瓶，當早餐喝，好喝又有飽足感。

材 料

豬油4大匙、
中筋麵粉2杯、
糖粉1/2杯、
生芝麻（黑白皆可）1/2杯、
冷開水少許、
滾水適量

做 法

1

生芝麻放入小乾鍋中搖炒至顏色
變深，香氣飄出，熄火，盛出放
涼。

2

炒鍋放入豬油、麵粉，以中火炒
至麵粉顏色變黃褐色，熄火，放
涼。

3

芝麻放入袋中以瓶子壓碎，或以研磨碗磨成粉狀。

4

將放涼麵茶以篩網過篩，拌入糖粉及芝麻粉，裝罐保存。

5

食用時每碗取3~4大匙量，先加入少許冷開水調濕，再沖入滾水調成糊狀即成。

阿芳老師的手做筆記

● 如果覺得準備糖粉麻煩，也可以選擇不將糖粉加入，至沖泡食用時，才加糖調味即可。

花生仁湯

材 料

A 脫膜花生1斤、鹼油1/2小匙

B 水12～14碗

C 白糖1杯、鹽1/4小匙、
即溶奶粉2～3大匙，另備油條適量

做 法

1

花生洗淨略帶1/2杯水，加入鹼油拌勻放置4小時以上。

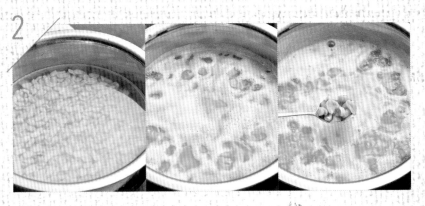

泡好鹼的花生加清水淹過，煮去變黃的鹹水（可重複添加冷水煮至
無鹹色，約煮2～3次）。

花生再一次洗淨後，
將花生加B料水，入快
鍋煮至沸騰，改小火
煮5分鐘熄火，此次才
是正式煮花生湯。

開蓋後，加入白糖、
鹽調味，並取出1/2碗
湯汁調入奶粉，再回
倒至花生仁湯中提味
即成。

食用時可搭配油條。

阿芳老師的手做筆記

● 花生仁是很不好煮的食材，使用鹼發，可以讓花生煮得極為綿細，只是在泡
　鹼後，一定要多煮2～3次，才能讓花生攝入的鹼吐出，煮好的花生湯才不會
　留有鹹味。

馬祖黃金餃

材料

Ⓐ 紅心地瓜1條（300公克）、
太白粉約1杯

Ⓑ 炒香脆花生1/3杯、
白砂糖1/2杯、豬油蔥1大匙

Ⓒ 水1鍋、紅糖適量、
太白粉適量

做 法

1　紅心地瓜削皮，立刻沖水即可放在盤中蒸熟，趁熱壓成泥，加上太白粉揉成柔軟糰塊（揉時若易碎，可取小塊煮熟成叛娘回揉糰塊中）。

2

花生放在袋子中，以瓶身敲碎，加上白砂糖及豬油蔥拌勻即為內餡。

3

取地瓜皮揉糰分切小塊，按扁，包入少量內餡，捏成三角錐狀，包好後表面撒上太白粉搖勻。

4

食用時，將黃金餃入沸水煮至浮起，加入紅糖調味即可食用。除了以水煮的方式煮熟，亦可入中溫油鍋，炸至浮起呈香酥即可。

阿芳老師的手做筆記

● 黃金餃是馬祖很地道的小吃，和客家的水晶餃有異曲同工之妙，外皮多加了地瓜的纖維質，內餡包入充滿福州點心風味的花生內餡，如果改包入鮮肉湯圓的內餡，就是美味的地瓜皮客家水晶餃了。

● 阿芳曾經到馬祖的對岸福州學習閩菜，在福州有許多民生小吃，像鍋邊糊（我們熟知的鼎邊銼）、肉燕（我們稱為燕餃）、扁肉（扁食），紅糟肉則是阿芳在福州很喜歡的食物。後來阿芳應邀到馬祖訪看特色物產如何行銷到寶島台灣時，發現馬祖的鄉親說的是福州話，很多的物產及飲食生活風貌都和福州像極了，但還是有一些變化。

● 全世界各地都可能因為人口的遷移，而將原鄉的食物帶入新居地，甚至久而久之，除了原始的樣貌，還多了一些在地的元素融入，像馬祖的地瓜餃，就是福州包了肉餡的水晶餃，廣東客家的黑糖九層粿，隨著客家華人移民，到了南洋再與當地馬來人婚配後，又衍生了娘惹文化，做出了有椰漿香味、顏色鮮豔的娘惹糕。看到這些本是同根生的食物，真正詮釋了人與飲食、飲食與土地、土地與人文，密不可分的緊密關係。

泰國芒果飯

材 料

Ⓐ 長糯米2量杯、水1.4量米杯

Ⓑ 細砂糖4大匙、沙拉油1小匙

Ⓒ 椰奶粉4～5大匙、鹽1/2小匙、
熱開水1/2杯

Ⓑ 金煌芒果1大個

做 法

1 長糯米洗淨不泡，加水入電鍋以煮飯方式煮熟。

2 趁熱加入B料拌勻，放至微溫成為甜糯米飯。

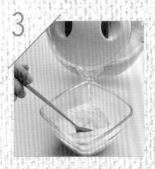

3 C料椰奶粉加鹽、熱水調成鹹椰漿。

4 糯米飯填碗扣於盤上，芒果削皮取肉切大塊。

5 將少許鹹椰漿淋在甜糯米飯上，搭配芒果食用。

阿芳老師的手做筆記

● 台灣和泰國一樣盛產芒果，以電鍋烹煮糯米飯簡單容易，所以在阿芳家時時可以看到這道料理的蹤影。芒果盛產時，孩子們也會要求，除了白色的糯米飯，阿芳也會用紫色的糯米飯（參考本書第18頁），更有變化。

蜜芋頭

材 料

🔘 芋頭1條（約1斤）、
水適量、
二砂糖1杯、
米酒1/3杯

做 法

芋頭去皮切剞刀塊。

排放入鍋中，加水至淹過。

3

開火不加蓋煮至芋頭熟透，
可輕易以筷子刺過。

4

加入二砂糖再補水至淹過，即可加蓋改小文火煮10分鐘，再加入米
酒，加蓋後以小火煮5分鐘熄火燜至全涼，即可盛入保鮮盒冷藏後食
用。

阿芳老師的手做筆記

● 剞刀是一種不切斷的刀法，切芋頭用剞刀加上以刀掰開的技
法，將原料表面劃上崎嶇不平的切面，才可以因切面受熱面
積大而熟得快。

肉桂熱紅酒

材 料

紅酒適量、
肉桂棒1段、
冰糖少許

作 法

1

取一瓷杯或耐熱玻璃杯，放少許冰糖，放入1段肉桂棒，倒入紅酒。

可以微波或以隔水加熱的方式，將紅酒加熱至70℃熱燙，即可慢酌。

2

阿芳老師的手做筆記

● 這是在歐洲冬天常見的飲品，尤其接近聖誕節時，各地常有聖誕市集，在冷冷的雪天，喝上一杯暖暖的熱紅酒，別有一番滋味。紅酒對女性有益，不過量飲用，天冷時一日一小杯，可是非常好的養身之道。

● 煮過的肉桂棒，可以收起包好冷凍保存，重複使用。

大家的阿芳老師，我們家的阿芳媽媽

家，以及對家人的愛，是阿芳手做料理的初衷。在這套美食紀錄的最後，阿芳要以這些愛做結語，讓讀者也感受這樣的愛，把愛融入一道道食物，溫暖自己也溫暖家人的心與胃。

媽媽的巧手背後，
是對食物與家人的真心 by先生

常常有人問我，有一個這麼會煮飯做菜的太太，是不是很幸福？老實說，我以前對於「吃」這件事沒什麼概念，總覺得可以吃飽就好了。娶了一個愛吃也懂得吃的太太，結婚二十多年來，吃得多豐富倒是其次，真正影響我的，是對食物多了幾分了解與熱情。

我跟阿芳兩個人是在旅行當中認識的，旅行對我們來說，是很重要的精神補給，也是一種飲食文化的體驗。而在旅行當中，最能見識到阿芳對於料理的執著與堅持，當別人忙著吃喝玩樂時，她總是忙著做筆記，想要把在異國吃到的東西給記下來，帶回家好好研究；或

者，她樂於花時間探問當地人更多關於料理的常識與技藝，希望能再透過自己的雙手，捕捉到美食的精髓。所以在這套書裡，讀者會看到很多這樣的故事，這些都是阿芳成就她那雙巧手背後的經驗累積。

我開玩笑說，各位在螢光幕上看到的阿芳老師，就是我們家裡的阿芳媽媽，差別只在於上了妝。這樣說，一方面是道出了她對於工作的專業堅持，另一方面則是她對於料理這件事的熱愛，不論幕前幕後始終如一。各位看到她在電視上示範的菜色，就是會出現在我們家餐桌上的美味，阿芳堅持的，就是以一般家庭可以操作的方式，把各種美味帶給更多的人。

今年我跟阿芳升格當了爺爺奶奶，看著她抱孫逗弄、教媳婦做包子和甜點，我不禁回想起當年阿芳與我母親的相處，同樣的兩代關係，同樣讓人感動的傳承。二十多年前，阿芳從南部嫁到北部來，沒多久就開始掌廚，由於南北

飲食口味不同，經歷過一番調整適應，但我一直相信，「好的飲食習慣，可以改變人的口味」，阿芳對於食材的了解與掌握，潛移默化了我們一家的味蕾，讓我們嚐到食物的原味原來可以這麼鮮美，自己做的東西原來比外面賣的美味，漸漸的我們一家人都習慣了阿芳味！最厲害的是，她把婆婆教給她的傳統味，以現代手法加以製作，既保留古早味，也化繁為簡讓做法更加可行。

我想我最大的幸福，就是吃到太太的好手藝，也感受到她對家庭的好心意。

用媽媽的味道，
記錄每一個日子的精彩　by兒子

國中的時候，我最期待的就是每天的午餐時間，因為我喜歡打開便當時帶給我的無限驚喜。今天吃什麼呢？媽媽做的午餐便當，成為我求學生涯的開心來源。

踏入社會後工作時間不穩定，也開始了外食族的坎坷之路，每天煩惱著要吃什麼，而最開心的事，就是下班回家吃媽媽準備的晚餐。

結婚後，太太加入了我們這一家，同樣喜歡在家吃飯的感覺，許多媽媽手做的點心，都讓我太太感覺神奇又不可思議。媽媽信手拈來就是我們孩子愛吃的東西，尤其她怕我們晚上肚子餓，不時做好冷凍蔥油餅，配上自家的香濃豆漿，讓半夜製作音樂的我，一樣有幸福美食可以吃。

現在我當爸爸了，擔心自己孩子的未來飲食，所以和老婆也試著自己動手料理，一方面希望孩子未來可以吃得安全安心，一方面也可以與另一半增進感情，但問題來了，怎麼做呢？

小時候我愛打電玩，卡關的時候就會到電玩店買攻略祕笈，而此刻，對於不擅料理的我，媽媽的書就是我的攻略祕笈。我太太吃著媽媽點心，也開始學著做，常常看到她和表妹去抽出媽媽的手稿，兩個人在家，今天做餅乾、明天做蛋糕，玩得很開心，而且她也有了一本

珍藏媽媽許多手稿的筆記本。

說個好笑的事，在我老婆坐月子期間，丈母娘來我家幫忙一起照顧小孩，而媽媽每天晚上會做薑汁撞奶給我老婆當點心，不時也會做幾條葡萄乾核桃麵包，這兩樣東西讓丈母娘產生興趣，回家後也試著自己撞、自己做，前兩天我太太手機裡傳來了兩條麵包，跟我媽做的還真的有點像，我想我的丈人和我們一樣有口福了！

人們會用照片或音樂記錄生活點滴，而我們家則是用許多媽媽的味道來記錄每一個日子的精采，也是創造幸福回憶的最好標記。

家，
就是有媽媽味道的地方　by女兒

對我來說，家的記憶，就濃縮在一道道媽媽的拿手菜裡。

小的時候，媽媽經常問我一個問題，她說：「豬妹，妳覺得妳媽和別人的媽媽有哪裡不一樣嗎？」在別人看來，也許會覺得我的媽媽和別人很不一樣。每一天，她在螢光幕前以阿芳老師的身分，帶給觀眾各式各樣不同的料理。但當她走出了攝影棚的聚光燈、卸了妝，回到家，她就只是我的媽媽。

在家就能看到她在廚房忙進忙出，一手包辦了一家大小一整天的「伙食問題」。從早餐吃的饅頭、麵包，到消夜那一碗熱呼呼的湯麵或地瓜粥，還有逢年過節滿滿一整桌的年菜，或者怕我們餓著肚子，冷藏庫裡滿滿的水餃和蔥油餅……媽媽做出的每一道料理，蘊藏的就是家的味道。

上了大學、外宿後，我才深刻意識到「回家」是件多幸福的事。事實上，我的學校離家並不遠，短短不到一個小時車程。遠的是，回到宿舍，少了半夜飢腸轆轆時媽媽的那碗「胖子麵」、少了打開冰箱就能看到的那罐「會變色的奶茶」、少了早上睡醒時擺在桌上一個個包子饅頭。這些在家時我認為的理所當然，在離家求學後變得格外可貴。當我

提著一袋速食，心上掛念的是家中冰箱裡的那一鍋肉燥；當我吃著外面賣的滷味，腦海想的是手機群組裡Line來的那鍋麻辣鴨血。媽媽的味道，存在我二十年記憶中的每一個角落。我想，我心中所謂的家，就是有媽媽味道的地方。

味蕾的記憶，是最棒的家庭筆記　by媳婦

關注婆婆粉絲頁的朋友，一定都看過婆婆教媳婦我做包子的那一篇貼文。當我跟娘家媽媽說我在做包子時，她還笑我從未進過灶腳，竟然會做包子！

是婆婆以對食物的熱忱及耐心，帶領我這個新手做包子，怎麼備料拌麵皮、炒肉炒內餡，最難的則是手捏褶收口。剛開始包出來的都是東倒西歪的醜包子，公公還很捧場的吃了幾個，接下來幾天，我決定挑戰捏出包子褶，每天晚餐後就在廚房裡練習，直到每天吃包子吃到怕的公公跟婆婆說，可以教媳婦做其他東西了！

人家說：要抓住老公的心，先抓住他的胃。我老公特別喜歡吃婆婆的「胖子麵」，而胖子麵的關鍵就在於媽媽特製的肉燥。一天晚餐後，婆婆教我做了肉燥，爾後每當老公工作到很晚，就會希望我煮一碗胖子麵給他當消夜，也期待我學新料理做給他吃，而來我們家作客的朋友，吃過這胖子麵也都直呼好吃，要我教他們做這味肉燥。

婆婆的工作忙碌，卻把我們一家要吃的東西打點得很豐富，而且都是婆婆自己做的，讓我體會到一個家庭的幸福，很大部分來自媽媽的味道。開始學做菜的我，每每想到婆婆做菜的味道都是充滿畫面，而婆婆用心做出來的，是充滿溫度的食物，像是我們常吃的水餃、蔥油餅，看來如此平常的食物，但出自婆婆的巧手，卻是簡單但又難以取代的好味道。

如果說記憶是抽象的，那味蕾的記憶會是永遠銘記的，也是婆婆留給我最棒的家庭筆記。

料，則數字的複雜度和實做的麻煩度就更高。但說穿了，這300公克米不就是2量米杯的米，而360公克的水也就是2量米杯的水，就是那麼簡單的容量概念，2杯米配2杯水。

不過在阿芳的食譜中，這個杯可不是家裡的量米杯，而是國際通用的標準量杯。標準量杯是236cc，為什麼呢？因為在烹調用途中，最常盛裝的材料除了乾向的粉糖料外，就是水份及油脂，而這杯236cc的杯子一般就說約240cc，分為4等份。一份約60cc，很好記，而且1杯約為16大匙，容易對算。在油脂類的換算，1杯油是16大匙，要用幾匙油，量匙一量很方便取用，而這一杯裝滿油剛好是1/2英磅的重量，也是8盎司，在不同國家的計量單位換算容易整除，當然最重要的是讓實際操作更為容易，用慣了，可以讓食譜看來簡易明嘹，更容易上手。

為什麼要用這一杯

在阿芳的食譜中，不是以最絕對的重量為標示單位，而是用國際標準的量杯及量匙為主要度量單位，最重要的目的在於簡化食譜的數字和備料的工序，較符合一般家庭操作的方式。舀一舀、幾杯水幾杯粉，像媽媽量米煮飯一樣簡單。舉例來說，小明的媽媽要小明幫忙洗米下鍋，小明順口問：煮多少呢？如果媽媽回答說：300公克米、配360公克的水，那事情就複雜了！而一般點心可能用到多樣的材

◆ 量杯

指國際通用量杯，標準容量為236cc，有不鏽鋼、鋁、塑膠材質，不一定標示刻度，但一定會標出1/4杯、1/2杯、3/4杯，也就是本書食譜所示的分量。

如果沒有量杯，其實很容易可以找到一個容量為240cc的杯子代用。

◆ 量匙

標準量匙通常是四匙一串，由大至小分別為1大匙、1（茶）小匙、1/2匙、1/4匙。

1大匙＝1湯匙＝3小（茶）匙＝15cc
1小匙＝1茶匙＝5cc
1/2匙＝1/2茶匙＝2.5cc
1/4小匙＝1/4茶匙＝1.25cc＝少許

如果沒有量匙，在家中常見的湯匙，也是比照量匙大小的容量來製作：喝湯的湯匙可取代大匙，小號的茶匙取代小匙，而一般的咖啡匙視大小，就是1/2或1/4茶匙了。

◆ 就是這樣裝

量杯及量匙盛裝食材的鬆緊度雖然會有些許誤差，但不致影響成敗，不須刻意壓緊或敲杯，只要自然一杯子舀取材料，再抹平即可。如果是1/2杯或1/4杯，就是裝到線上搖平即可。另外，書中有幾處看到杯的後面加了一個強或弱，強的意思就是多一點點，弱的意思就是少一點點。

◆ 常用材料的重量換算

量杯容量1杯＝236cc＝236ml，盛裝不同的食材就是不同重量，書中的食譜直接以杯子舀取，若要對算重量，以下是常用材料重量換算：

· 水1杯＝236cc＝236克＝16大匙
· 高筋麵粉1杯約150克＝16大匙
· 中筋麵粉1杯約150克＝16大匙
· 低筋麵粉1杯約140克＝16大匙
· 細砂糖1杯＝220克＝16大匙
· 白或黃砂糖1杯＝200克＝16大匙
· 酵母1大匙＝12克＝3小匙（1小匙＝4克）
· 泡打粉1小匙＝5克

· 小蘇打粉1小匙＝6克
· 鹽1小匙＝5克
· 油脂1杯＝236cc＝236ml＝227克
　＝16大匙＝1/2磅＝大塊奶油1/2塊
　＝小條奶油2條
· 書中的斤指的是台斤，
　1台斤＝16兩，1兩＝37.5公克

國家圖書館出版品預行編目資料

媽媽的小吃店：80道小吃、甜品、飯油料高湯　蔡季芳 著
　初版.--臺北市：商周出版：家庭傳媒城邦分公司發行
2016.2　面；　公分
ISBN 978-986-272-942-7（平裝）

1.食譜

427.1　　　　　　　　　　　　104026045

阿芳老師手做美食全紀錄

媽媽的小吃店：80道小吃、甜品、飯油料高湯

作　　　者／蔡季芳
內容企劃整理／陳宜萍、廖雁昭
責任編輯／陳玳妮
版　　　權／翁靜如
行銷業務／李衍逸、黃崇華
總　編　輯／楊如玉
總　經　理／彭之琬
法律顧問／台英國際商務法律事務所　羅明通律師
出　　　版／商周出版
　　　　　　城邦文化事業股份有限公司
　　　　　　台北市中山區民生東路二段141號4樓
　　　　　　電話：(02) 2500-7008　　傳真：(02) 2500-7759
　　　　　　E-mail：bwp.service@cite.com.tw
發　　　行／英屬蓋曼群島商家庭傳媒股份有限公司城邦分公司
　　　　　　台北市中山區民生東路二段141號2樓
　　　　　　書虫客服務專線：02-25007718．02-25007719
　　　　　　24小時傳真服務：02-25001990．02-25001991
　　　　　　服務時間：週一至週五09:30-12:00．13:30-17:00
　　　　　　郵撥帳號：19863813　戶名：書虫股份有限公司
　　　　　　讀者服務信箱E-mail：service@readingclub.com.tw
　　　　　　歡迎光臨城邦讀書花園　　網址：www.cite.com.tw
香港發行所／城邦（香港）出版集團有限公司
　　　　　　香港灣仔駱克道193號東超商業中心1樓
　　　　　　Email：hkcite@biznetvigator.com
　　　　　　電話：(852) 25086231　　傳真：(852) 25789337
馬新發行所／城邦（馬新）出版集團　Cite (M) Sdn. Bhd.
　　　　　　41, Jalan Radin Anum, Bandar Baru Sri Petaling,
　　　　　　57000 Kuala Lumpur, Malaysia
　　　　　　電話：(603) 90578822　　傳真：(603) 90576622
封面設計／徐璽
全書攝影／周禎和工作室
排　　　版／豐禾設計
印　　　刷／卡樂彩色製版印刷有限公司
經　銷　商／聯合發行股份有限公司
　　　　　　電話：(02)2917-8022　　傳真：(02)2911-0053
　　　　　　地址：新北市231新店區寶橋路235巷6弄6號2樓

■2016年2月3日初版　　　　　　Printed in Taiwan
■2021年7月1日初版22.5刷
□定價／420元

城邦讀書花園
www.cite.com.tw

104台北市民生東路二段141號2樓

英屬蓋曼群島商家庭傳媒股份有限公司

城邦分公司　收

請沿虛線對摺，謝謝！

書號：BK5110　　書名：媽媽的小吃店　　編碼：

 商周出版

讀者回函卡

感謝您購買我們出版的書籍！請費心填寫此回函卡，我們將不定期寄上城邦集團最新的出版訊息。

不定期好禮相贈！
立即加入：商周出版
Facebook 粉絲團

姓名：_____ 性別：□男 □女

生日：西元_____年_____月_____日

地址：_____

聯絡電話：_____ 傳真：_____

E-mail：

學歷：□ 1. 小學 □ 2. 國中 □ 3. 高中 □ 4. 大學 □ 5. 研究所以上

職業：□ 1. 學生 □ 2. 軍公教 □ 3. 服務 □ 4. 金融 □ 5. 製造 □ 6. 資訊

　　　□ 7. 傳播 □ 8. 自由業 □ 9. 農漁牧 □ 10. 家管 □ 11. 退休

　　　□ 12. 其他_____

您從何種方式得知本書消息？

　　　□ 1. 書店 □ 2. 網路 □ 3. 報紙 □ 4. 雜誌 □ 5. 廣播 □ 6. 電視

　　　□ 7. 親友推薦 □ 8. 其他_____

您通常以何種方式購書？

　　　□ 1. 書店 □ 2. 網路 □ 3. 傳真訂購 □ 4. 郵局劃撥 □ 5. 其他_____

您喜歡閱讀那些類別的書籍？

　　　□ 1. 財經商業 □ 2. 自然科學 □ 3. 歷史 □ 4. 法律 □ 5. 文學

　　　□ 6. 休閒旅遊 □ 7. 小說 □ 8. 人物傳記 □ 9. 生活、勵志 □ 10. 其他

對我們的建議：_____

_____

_____